Kosten- und Leistungsrechnung in der Spedition

Grundlagen und praktische Anwendungen

von

Prof. Dr. Uwe Barwig

Prof. Dr. Harald Hartmann

Oldenbourg Verlag München

Bibliografische Information der Deutschen Nationalbibliothek

Die Deutsche Nationalbibliothek verzeichnet diese Publikation in der Deutschen Nationalbibliografie; detaillierte bibliografische Daten sind im Internet über http://dnb.d-nb.de abrufbar.

Rosenheimer Straße 145, D-81671 München
Telefon: (089) 45051-0
www.oldenbourg-verlag.de

Lektorat: Thomas Ammon
Herstellung: Constanze Müller
Titelbild: thinkstockphotos.de
Einbandgestaltung: hauser lacour
Gesamtherstellung: Grafik & Druck GmbH, München

Dieses Papier ist alterungsbeständig nach DIN/ISO 9706.

ISBN 978-3-486-71402-9
eISBN 978-3-486-71921-5

Vorwort

Kosten- und Leistungsrechnung ist in der Spedition kein überstrapaziertes Thema, wie der Blick auf die doch überschaubare Anzahl von Publikationen zeigt. Symptome für erhebliche Defizite in diesem Bereich sind jedoch nach wie vor in großer Zahl auszumachen.

Sie zeigen sich in der weiterhin hohen Konkursquote im Bereich gerade kleiner und mittelständiger Unternehmen, in teilweise unglaublichem und unverständlichem Preis-Angebots-Verhalten und oft kaum vorhandenen Kalkulationskenntnissen im Unternehmerbereich (insbesondere bei den Verkehrsträgern Straße und Binnenschifffahrt). Konkret heißt das, dass so gut wie keinerlei Kenntnisse über die relevanten Kostenarten vorhanden sind und teilweise noch nicht einmal eine Unterscheidung in fixe und variable Kosten vorgenommen wird. So wird nach wie vor im Straßengüterverkehr mit einem Kilometer-Kostensatz gerechnet, unabhängig von der zeitlichen Inanspruchnahme von Fahrer und Fahrzeug.

Versucht man die Ursachen dieser gerade im Verkehrsgewerbe augenscheinlich vorhandenen Mängel im kaufmännischen und insbesondere im kalkulatorischen Bereich zu untersuchen, kommt man um einen Blick auf die Marktbedingungen der letzten Jahrzehnte kaum herum.

Seit den 30er Jahren des letzten Jahrhunderts waren die Verkehrsmärkte in Deutschland extrem reglementiert. Diese Reglementierungen bestanden aus der Einführung von Tarifen und Marktzugangsregulierungen zum Schutz der Eisenbahn vor Beginn des 2. Weltkrieges (Brüning'sche Notverordnung) und wurden auch nach Beendigung des 2. Weltkrieges im Rahmen der Einführung der sozialen Marktwirtschaft durch Ludwig Erhard („so viel Freiheit wie möglich, so viel Lenkung wie nötig") nicht beseitigt. Erst mit der Liberalisierung der Dienstleistungs- und damit der auch der Verkehrsmärkte auf Grund des EWG- bzw. des EU-Vertrages wurden zum 1. Januar 1994 die Zäune des „Naturschutzparks", konkret Reichskraftwagentarif (RKT) bzw. Güterfernverkehrstarif (GFT), Deutscher Eisenbahn-Gütertarif (DEGT) und Frachten- und Tarifanzeiger Binnenschifffahrt (FTB), abgebaut und zum 1. Juli 1998 die Einschränkungen der Dienstleistungsfreiheit im Verkehr (Kabotagevorbehalt) beseitigt und mit der Transportrechtsreform ein neues Güterkraftverkehrsgesetz verabschiedet.

Bis dahin war die typische Argumentation aus dem Verkehrsgewerbe: „Für was brauchen wir Kostenrechnung - wir haben doch Tarife?" Insbesondere im Straßengüterverkehr, wo neben festgelegten und kontrollierten Tarifen auch noch rigorose Marktzugangsbeschränkungen in Form einer begrenzten Anzahl von Konzessionen existierten, war ein total geknebelter Markt vorhanden. Erst nach 1994 (Wegfall der Tarife) und insbesondere nach 1998 (Wegfall der Kabotagebeschränkungen und damit Einführung der Dienstleistungsfreiheit) wurde langsam klar, dass nicht nur für das Treffen der „Make-or-buy"-Entscheidung, also der Frage, erbringe ich die Transportleistung im Selbsteintritt oder kaufe ich Unternehmerleistungen vom Markt ein, eine saubere Kostenkalkulation eine wesentliche Voraussetzung ist. Damit werden auch in weiten Bereichen des Verkehrssektors erst seit wenigen Jahren eigentlich kaufmännisch selbstverständliche Fragen gestellt, nämlich „wo liegt mein Angebotspreis?" bzw. „kann ich in diesen Marktpreis einsteigen"?

Noch heute jedoch bereitet aber nicht nur die Kalkulation der „unsichtbaren“ Kostenträger im Dienstleistungsbereich der Spedition Probleme, sondern vor allem deren Definition und Begrifflichkeit stellen nicht nur erfahrene Praktiker, sondern auch viele Studierende der Betriebswirtschaftslehre vor manchmal unlösbare Aufgaben. Die Kalkulation von Kostenträgersätzen wie z. B. eines 100 Kg-Satzes, einer Tonne, eines Quadratmeter Lagerplatzes, eines Lademeters oder einer Volumengröße, eines Stellplatzes oder auch einer Ladungseinheit wie beispielsweise einem Container (Twenty-foot Equivalent Unit / TEU) ist für die Akteure nicht selten eine große Herausforderung.

Mit dem vorliegenden Buch, das sich an Praktiker, Auszubildende und Studierende in gleicher Weise wendet, versuchen die beiden Verfasser zu etwas mehr Basis- und Hintergrundwissen beizutragen und bei der Beantwortung der Frage zu helfen: „Wo liegt eigentlich mein Kostenpreis?“, d. h. der Preis, der alle meine Kosten deckt und auf den ich noch meinen Gewinnzuschlag dazu rechnen muss.

Die Herangehensweise an die Thematik orientiert sich an der gängigen Untergliederung der Kostenrechnung in einschlägigen Fachbüchern (Grundlagen – Kostenartenrechnung – Kostenstellenrechnung – Kostenträgerrechnung), darüber hinaus werden aber auch die in Speditionen immer wichtiger werdenden Themen „Kennzahlen und Benchmarking“ sowie die Prozesskostenrechnung in eigenen Kapiteln behandelt.

Wir danken an dieser Stelle auch unserem verehrten, inzwischen emeritierten Kollegen Herrn Prof. Ulrich Bülles, der sich nicht nur um den Aufbau des Studienganges „Spedition, Transport und Logistik“ an der ehemaligen Berufsakademie Mannheim und jetzigen Dualen Hochschule Baden-Württemberg Mannheim in hohem Maße verdient gemacht hat, sondern auch als einer der ersten in Deutschland schon in den 80er Jahren die bis dahin lediglich vorhandene Industriekostenrechnung mit ihrer für speditionelle Anwendungen völlig ungeeigneten Stückkostenrechnung auf die spezifische Zwecke unserer Dienstleistungsbranche und speziell der Fahrzeugkalkulation umgeschrieben und im Rahmen der Veranstaltungen zum Thema Kosten- und Leistungsrechnung im Studiengang wesentliche Grundlagen für eine für die Spedition geeignete Kostenarten-, Kostenstellen- und Kostenträgerrechnung entwickelt hat.

Mannheim, im Oktober 2012

Prof. Dr. Uwe Barwig / Prof. Dr. Harald Hartmann

Geleitwort

Sehr geehrte Damen und Herren, liebe Leserinnen und Leser!

Heute nehmen Sie zum ersten Mal ein Lehrbuch in die Hand, das uns allen eine didaktisch ansprechend aufbereitete Übersicht über die Kosten- und Leistungsrechnung in der Spedition verschaffen wird. Die Verfasser, Herr Prof. Dr. Barwig und Herr Prof. Dr. Hartmann, lehren an der Dualen Hochschule Baden-Württemberg in Mannheim. Damit ist sichergestellt, dass Studierende einen praxisorientierten Zugang zu diesem Bereich der Betriebswirtschaftslehre finden. Praktikern wiederum wird dieses Buch Übersicht und Hilfe in der täglichen Arbeit sein und dazu beitragen, den eigenen Wissenstand hier und da aufzufrischen.

Als Vorstandsvorsitzender der Schenker Deutschland AG möchte ich Sie motivieren, sich mit dem Thema auch in dem Bewusstsein zu beschäftigen, dass Sie entscheidende Fähigkeiten für Ihren Beruf erlangen können. Seit Jahren vertrete ich die Überzeugung, dass jemand, der mehr als nur die Grundlagen dieser Disziplin erlernt, zugleich auch wertvolles Basiswissen für die Logistik erwirbt. Ich stelle sogar fest, dass Kenntnisse in der „Kosten- und Leistungsrechnung" für die Führungsverantwortung eines Unternehmens überaus nützlich sind. Diese Methode geht Sachverhalten auf den Grund und ordnet sie zu. So werden in der Kostenartenrechnung Verwaltungs-, Personal- oder Fahrzeugkosten erfasst. Die Kostenträgerrechnung beantwortet die Frage, wer innerhalb komplexer logistischer Lieferketten die Kosten in der Beförderung, im Lager oder bei der Erbringung von Mehrwertleistungen zu tragen hat. Es leuchtet ein, dass diese Frage bei einer sehr arbeitsteiligen internationalen Unternehmung wie DB Schenker, die ihren Kunden Verkehrsträger übergreifende Lösungen anbietet, von grundsätzlicher Bedeutung ist und eine Grundlage für unternehmerische Entscheidungen darstellt.

Deshalb stelle ich im Gespräch mit unseren Nachwuchs-Logistikern gerne die Bedeutung der Kosten- und Leistungsrechnung heraus. Sie dokumentiert Geschäftsprozesse, schafft die notwendige Transparenz und Übersicht und trägt somit wesentlich dazu bei, dass wir die komplexen Abläufe in Logistik und Spedition erfolgsorientiert steuern können.

Dies gilt bereits für das Tender Management, dem Erstellen umfangreichster Angebote für multinationale Kunden und globale Logistiklösungen. Erst die saubere Ermittlung der Selbstkosten bei allen beteiligten Fachabteilungen und Landesgesellschaften ermöglicht uns die Preisfindung und die Bildung eines marktgerechten Verkaufspreises. Und die Deckungsbeitragsrechnung hilft uns, Fixkosten der jeweiligen Leistung zuzuordnen und den notwendigen Unternehmensgewinn zu bestimmen. So trocken und selbstverständlich sich dies auch anhören mag – diese Systematik ermöglicht uns erst nachhaltiges Wirtschaften, Investitionen in dic Zukunft und in die Schaffung neuer Arbeitsplätze.

Die Erhebung, Aufbereitung und Analyse von Daten aus dem Unternehmen mit dem Instrument der Kosten- und Leistungsrechnung ist eine wesentliche Aufgabe des Controllings. „To control" aber bedeutet im Englischen nichts anderes als „regeln" oder „steuern". Als ehemaliger Controller mit Führungsverantwortung bei einer westeuropäischen Landesgesellschaft von DB Schenker möchte ich Sie als Leser dieses Buches ermuntern, die Kosten- und Leistungsrechnung in einem übergeordneten Bedeutungszusammenhang zu betrachten.

Ich wünsche Ihnen, dass Sie für Ihr jeweiliges Betätigungsfeld den größtmöglichen Nutzen aus diesem Buch ziehen können.

Ihr

Dr. Hansjörg Rodi

Vorstandsvorsitzender der Schenker Deutschland AG

Inhaltsverzeichnis

Vorwort **V**

Geleitwort **VII**

Abbildungsverzeichnis **XIII**

Tabellenverzeichnis **XV**

Abkürzungsverzeichnis **XVII**

Symbolverzeichnis **XXI**

1 Grundlagen der Kosten- und Leistungsrechnung **1**

1.1 Unterschiede zwischen Buchhaltung und Kostenrechnung ... 1

1.2 Aufgaben und Beziehungen der einzelnen Kostenrechnungsbereiche ... 1

1.3 Zwecke der Speditionskosten- und Leistungsrechnung ... 2
1.3.1 Preiskalkulation und Preisbeurteilung ... 2
1.3.2 Kontrolle der Wirtschaftlichkeit ... 3
1.3.3 Gewinnung von Unterlagen für Entscheidungsrechnungen ... 3
1.3.4 Kurzfristige Erfolgsrechnung ... 4
1.3.5 Sonstige Zwecke der Kosten- und Leistungsrechnung ... 4

1.4 Definition und Abgrenzung des Kosten- und Leistungsbegriffes ... 4

1.5 Prinzipien der Kosten- und Leistungsrechnung ... 9

1.6 Weitere begriffliche Grundlagen zur Kosten- und Leistungsrechnung ... 9
1.6.1 Fixe und variable Kosten ... 9
1.6.2 Tourenabhängige Kosten ... 14
1.6.3 Einzel- und Gemeinkosten ... 14
1.6.4 Primäre und sekundäre Kosten ... 15
1.6.5 Relevante und irrelevante Kosten ... 15
1.6.6 Grenzkosten und Grenzerlöse ... 16

1.7 Kontrollfragen, Übungsaufgaben und Fallstudie I zu Kapitel 1 ... 17

2 Kostenartenrechnung **23**

2.1 Aufgaben und Stellung der Kostenartenrechnung ... 23

2.2 Kalkulatorische Kosten ... 24
2.2.1 Betriebsmittelkosten ... 24
2.2.2 Kapitalkosten ... 31

2.2.3 Kalkulatorische Wagniskosten ... 36
2.2.4 Kalkulatorische Miete ... 39
2.2.5 Kalkulatorischer Unternehmerlohn ... 39

2.3 Stoff-/Materialkosten ... 40
2.3.1 Ermittlung der Stoff-/Materialkosten ... 40
2.3.2 Unterschiede zwischen Stoff-/Materialkosten und Stoff-/Materialaufwand ... 41

2.4 Abgaben an die öffentliche Hand: Steuern, Gebühren und Beiträge ... 42
2.4.1 Kostencharakter von Steuern ... 42
2.4.2 Kategorisierung einzelner Steuerarten ... 42
2.4.3 Gewinnsteuern ... 43
2.4.4 Substanzsteuern ... 43
2.4.5 Verkehrssteuern ... 44
2.4.6 Verbrauchssteuern ... 44
2.4.7 Unterschiede zwischen Steuern als Aufwand und Steuern als Kosten ... 44

2.5 Dienstleistungskosten ... 45
2.5.1 Ermittlung der Dienstleistungskosten ... 45
2.5.2 Unterschiede zwischen Dienstleistungskosten und Dienstleistungsaufwand ... 45

2.6 Personalkosten ... 46
2.6.1 Bruttolohn/-gehalt und Personalzusatzkosten ... 46
2.6.2 Kalkulation der Personalkosten ... 47
2.6.3 Unterschiede zwischen Personalaufwand und Personalkosten ... 48

2.7 Fallbeispiel I: Aufbau und Durchführung einer Fahrzeugkostenrechnung ... 49

2.8 Kontrollfragen, Übungsaufgaben und Fallstudien II und III zu Kapitel 2 ... 55

3 Kostenstellenrechnung 63

3.1 Aufgaben und Stellung der Kostenstellenrechnung ... 63

3.2 Möglichkeiten und Grundsätze der Bildung von Kostenstellen ... 65

3.3 Kostenstellenpläne ... 66

3.4 Tabellarische Kostenstellenrechnung mit Hilfe des Betriebsabrechnungsbogens (BAB) ... 67

3.5 Verrechnung innerbetrieblicher Leistungen ... 69

3.6 Ermittlung von Verrechnungs- und Zuschlagssätzen ... 70

3.7 Vollkosten- und teilkostenorientierte Betriebsabrechnungsbogen ... 72

3.8 Nutzung der Ergebnisse des BAB für die Unternehmens- und Abteilungsführung ... 72

3.9 Fallbeispiel II: Erstellung eines Vollkosten-BAB ... 73

3.10 Fallbeispiel III: Erstellung eines Teilkosten-BAB ... 77

3.11 Kontrollfragen, Übungsaufgabe und Fallstudie IV zu Kapitel 3 ... 84

4 Kostenträgerrechnung 89

4.1 Aufgaben und Stellung der Kostenträgerrechnung ... 89

4.2 Kalkulationsverfahren ... 90
4.2.1 Divisionskalkulation ... 90
4.2.2 Äquivalenzziffernrechnung ... 91
4.2.3 Zuschlagskalkulation ... 93
4.2.4 Verrechnungssatzkalkulation ... 94
4.2.5 Schlüsselungsverfahren für die Kalkulation von Kuppelprodukten ... 96
4.2.6 Zusammenfassung ... 98

4.3 Auftragskalkulation (Kostenträgerstückrechnung) ... 99
4.3.1 Methodik der Auftragskalkulation ... 99
4.3.2 Kalkulationsschema für Transportunternehmer und Spediteur ... 99
4.3.3 Kalkulationsbeispiele für die speditionellen Leistungserstellung ... 101
4.3.4 Zusammenfassung ... 110
4.3.5 Auftragskalkulation bei anderen Verkehrsträgern ... 110

4.4 Kurzfristige Erfolgsrechnung (Kostenträgerzeitrechnung) ... 116

4.5 Exkurs: Tarifempfehlungen als Kalkulationshilfen ... 118
4.5.1 Kosteninformationssysteme des BDF/BGL ... 118
4.5.2 Tarif für den Spediteur-Sammelgutverkehr ... 119

4.6 Kontrollfragen, Übungsaufgaben und Fallstudie V zu Kapitel 4 ... 122

5 Kennzahlen und Benchmarks für das Controlling der Leistungserstellung in der Spedition 129

5.1 Kennzahlen ... 129
5.1.1 Funktion und Arten von Kennzahlen ... 129
5.1.2 Kennzahlensysteme ... 130
5.1.3 Kennzahlen und Kennzahlensysteme für die Spedition ... 131

5.2 Benchmarks ... 134

5.3 Kontrollfragen und Übungsaufgaben zu Kapitel 5 ... 136

6 Kostenrechnungssysteme im speditionellen Einsatz 137

6.1 Ist- und Plankostenrechnung ... 137

6.2 Voll- und Teilkostenrechnung ... 137

6.3 Die Prozesskostenrechnung als innovatives Kostenrechnungskonzept ... 138
6.3.1 Entstehung der Prozesskostenrechnung ... 138
6.3.2 Vorgehensweise der Prozesskostenrechnung ... 139
6.3.3 Einsatzmöglichkeiten und Grenzen der Prozesskostenrechnung ... 141
6.3.4 Fallbeispiel IV: Einsatz der Prozesskostenrechnung im Umschlaglager ... 143

6.4 Kontrollfragen und Übungsaufgabe zu Kapitel 6 ... 149

Glossar **151**

Literatur- und Quellenverzeichnis **155**

Lösungen zu Übungsaufgaben und Fallstudien **157**

Anhang **179**

Stichwortverzeichnis **181**

Abbildungsverzeichnis

Abb. 1.1: Gegenüberstellung von Aufwand und Kosten ... 7

Abb. 1.2: Abgrenzungsschema zwischen Auszahlung und Ausgabe ... 8

Abb. 1.3: Abgrenzungsschema zwischen Ausgabe und Aufwand ... 8

Abb. 1.4: Nutz- und Leerkosten ... 10

Abb. 1.5: Fixkostendegression beim LKW ... 11

Abb. 1.6: Fixkostendegression bei mehreren Produktionseinheiten ... 12

Abb. 1.7: Kostenremanenz beim Lkw ... 14

Abb. 2.1: Wertentwicklung bei der linearen, zeitbezogenen Abschreibung ... 27

Abb. 2.2: Ermittlung des durchschnittlich gebundenen Kapitals ... 33

Abb. 3.1: Kostenstellenhierarchie einer Spedition ... 63

Abb. 3.2: Kostenstellentypen ... 64

Abb. 3.3: Organigramm einer Spedition ... 77

Abb. 4.1: Transportablauf des Beispiels 1a ... 101

Abb. 4.2: Transportablauf des Beispiels 1b ... 103

Abb. 4.3: Ablauf in der Produktion der Sammelgutleistungen ... 105

Abb. 4.4: Sendungserlöse vs. -kosten in Abhängigkeit von Gewicht und Entfernung ... 121

Abb. 5.1: Prozessstruktur bei Systemverkehren ... 133

Abb. 6.1: Sechs Schritte der Prozesskostenrechnung ... 139

Abb. 6.2: Prozesshierarchie ... 140

Tabellenverzeichnis

Tab. 1.1: Fixkostendegression beim LKW ... 10
Tab. 1.2: Einzel- vs. Gemeinkosten ... 15
Tab. 2.1: Wertentwicklung bei linearer Abschreibung (gerundet) ... 27
Tab. 2.2: Abschreibungsverlauf der zeit- und leistungsbezogenen Abschreibung ... 29
Tab. 2.3: Fahrzeugkostenrechnung für einen 7,5 to Lkw (Übersichtsblatt) ... 51
Tab. 2.4: Fahrzeugkostenrechnung für einen 7,5 to Lkw (Kalkulationsblatt) ... 53
Tab. 3.1: Kostenstellenplan einer Spedition ... 67
Tab. 3.2: Schema eines Vollkosten-Betriebsabrechnungsbogens ... 69
Tab. 3.3: Kostenstellenbericht Umschlaglager ... 71
Tab. 3.4: Ergebnis des einfachen Vollkosten-BAB's ... 76
Tab. 3.5: Ergebnis des Teilkosten-BAB's ... 82
Tab. 4.1: Äquivalenzzifferntabelle ... 92
Tab. 4.2: Einsatz der Verrechnungssatzkalkulation in der Spedition ... 95
Tab. 4.3: Monatliche Tourenauswertung ... 117
Tab. 4.4: Monatliche Kundenanalyse ... 118
Tab. 5.1: Kennzahlenmatrix für Systemverkehre ... 133
Tab. 6.1: Kostenstellenbericht Umschlaglager Inlandsverkehre ... 144
Tab. 6.2: Kostentreiber und Kostentreiberausprägungen ... 146
Tab. 6.3: Zu- und Abschläge auf die Prozesskosten ... 147
Tab. 6.4: Teilprozesszuschläge und -abschläge für die Sendungen A und B ... 147
Tab. 6.5: Umschlagskosten auf Prozesskostenbasis für die Sendungen A und B ... 148

Abkürzungsverzeichnis

Abb.	Abbildung
Admin.	Administration
AfA	Absetzung für Abnutzung
AG	Aktiengesellschaft
AG-Anteil	Arbeitgeberanteil
AT	Arbeitstag
AV	Anlagevermögen
AW	Anschaffungswert
BAB	Betriebsabrechnungsbogen
BDF	Bundesverband des Deutsche Güterfernverkehrs e. V.
BGA	Betriebs- und Geschäftsausstattung
BGL	Bundesverband Güterkraftverkehr Logistik und Entsorgung e. V.
BN	Bonn
BSE	Bruttospeditionserlös
BSL	Bundesverband Spedition und Logistik e. V.
cbm	Kubikmeter
CFROI	Cash Flow Return on Investment
DB	Deckungsbeitrag
DEGT	Deutscher Eisenbahn-Gütertarif
DFÜ	Datenfernübertragung
DSLV	Deutscher Speditions- und Logistikverband e. V.
DVZ	Deutsche Verkehrs-Zeitung
EBIT	Earnings before Interest and Taxes
EH-kg	Einheits-kg
E-Lok	Elektrolok
EP	Europalette
EStG	Einkommensteuergesetz
ET	Einsatztag
EUR	Euro
e. V.	eingetragener Verein

EVU	Eisenbahnverkehrsunternehmen
FFZ	Flurförderzeuge
FTB	Frachten- und Tarifanzeiger Binnenschifffahrt
GF	Geschäftsführung
GFT	Güterfernverkehrstarif
GK	Gemeinkosten
GmbH	Gesellschaft mit beschränkter Haftung
GNP	Gesamtnutzungspotenzial
GoB	Grundsätze ordnungsgemäßer Buchführung
GuV	Gewinn- und Verlustrechnung
HD	Heidelberg
HL	Hauptlauf
Hrsg./hrsg.	Herausgeber/herausgegeben
ILV	Interne Leistungsverrechnung
IT	Informationstechnologie
Jg.	Jahrgang
K	Köln
Kap.	Kapitel
KapG	Kapazitätsgrenze
Kalk.	Kalkulatorische(r)
KEP	Kurier, Express, Paket
KFZ	Kraftfahrzeug
Kg	Kilogramm
Km	Kilometer
KoTr	Kostentreiber
LDL	Logistikdienstleister
LM	Lademeter
LKW/Lkw	Lastkraftwagen
lmi	leistungsmengeninduziert
lmn	leistungsmengenneutral
MA	Mannheim
Min.	Minuten
MwSt.	Mehrwertsteuer
ND	Nutzungsdauer
NE	Nutzungseinheiten
NL	Niederlassung

NLL	Niederlassungsleitung
o. g.	oben genannte
PKR	Prozesskostenrechnung
PLZ	Postleitzahl
PPL	Palettenplätze
REFA	Reichsausschuß für Arbeitszeitermittlung
RKT	Reichskraftwagentarif
RL	Rückladung
ROCE	Return on Capital Employed
RW	Restwert
SA	Sammelgutausgang
Sdg.	Sendung(en)
SE	Sammelguteingang
to	Tonnen
Tab.	Tabelle
TEUR	Tausend Euro
tkm	Tonnenkilometer
U-Lager	Umschlaglager
UPS	United Parcel Service
var.	variable
VERSA	Vereinigung der Sammelgutspediteure
VKE	Verkaufseinheit
WBW	Wiederbeschaffungswert

Symbolverzeichnis

Δ	Abweichung
Ø	Durchschnitt
$\sum$	Summe
a_{NE}	Abschreibungsbetrag je verbrauchte Nutzeinheit eines Betriebsmittels
a_l	leistungsbezogener Abschreibungsbetrag
a_t	Abschreibungsbetrag der Periode t
a_z	zeitbezogener Abschreibungsbetrag
K_{fix}	fixe Kosten
K_{ges}	Gesamtkosten
K_{var}	variable Kosten
n	Anzahl der Nutzungsperioden (Nutzungsdauer)
NE_t	Verbrauch an Nutzungseinheiten in der Periode t (Periodenkapazität)
Pr	Durchschnittliche Preissteigerung pro Periode
R_t	Restwert am Ende der Periode t
S	Abschreibungssumme
S_l	leistungsbezogene Abschreibungssumme
S_z	zeitbezogene Abschreibungssumme

1 Grundlagen der Kosten- und Leistungsrechnung

1.1 Unterschiede zwischen Buchhaltung und Kostenrechnung

Die Buchhaltung nimmt in Unternehmen wichtige Aufgaben wahr. Sie zeigt in der Bilanz die Vermögenssituation und in der Gewinn- und Verlustrechnung (GuV) die Ertragssituation. In der Lohnbuchhaltung werden Löhne und Gehälter sowie gesetzliche und freiwillige Abzüge erfasst. Die Debitoren-/Kreditorenbuchhaltung dokumentiert alle Vorgänge von Kunden und Lieferanten.

Kapitalgesellschaften und große Personengesellschaften müssen ihren Jahresabschluss (Bilanz und GuV) veröffentlichen. Er dient den Finanzbehörden zur Steuerprüfung, Kreditinstituten als Grundlage der Kreditvergabe und Eigenkapitalgebern als Informationsquelle über die Situation des Unternehmens.

Informationen aus Bilanz und GuV werden für externe Adressaten zur Verfügung gestellt. Dies hat zu strengen Buchhaltungsregeln geführt. Insbesondere sind das die Grundsätze ordnungsgemäßer Buchführung (GoB), das Handelsgesetzbuch sowie steuerliche Vorschriften. Beispiele sind das Einkommensteuergesetz, das Umsatzsteuergesetz, das Körperschaftssteuergesetz und die Abgabenordnung. Diese Vorschriften sollen die Buchhaltung und den Jahresabschluss nachprüfbar machen, Gläubiger und Eigentümer schützen und helfen, die Sozialabgaben und Steuern korrekt abzuführen.

Da die Bilanz und GuV wesentlich der Information externer Adressaten dienen, werden sie **externes Rechnungswesen** genannt. Die Kosten- und Leistungsrechnung ist an innerbetrieblichen Zwecken ausgerichtet und heißt **internes Rechnungswesen**. Es existieren deshalb keine gesetzlichen Regelungen.

1.2 Aufgaben und Beziehungen der einzelnen Kostenrechnungsbereiche

Die Kostenrechnung lässt sich in die drei großen Bereiche Kostenartenrechnung, Kostenstellenrechnung und Kostenträgerrechnung unterteilen.

In der **Kostenartenrechnung** wird die Frage beantwortet: ***Welche** Kosten sind entstanden?*

Dabei geht es einerseits um die vollständige Erfassung und Gliederung aller **primären Kosten**[1] (Personalkosten, Betriebsmittelkosten, Materialkosten etc.) einer Abrechnungsperiode. Darüber hinaus sind die aus der Buchhaltung einfließenden Aufwandsgrößen im Rahmen der Abgrenzungsdurchführung um die neutralen Aufwendungen zu kürzen und ggf. um Zusatzkosten zu ergänzen. Schließlich wird eine summarische Kostenkontrolle durchgeführt. Diese Kostenkontrolle betrachtet die (absolute) Höhe und die Entwicklung einzelner Kostenarten (z. B. Personalkosten) sowie deren (prozentuale) Relation zueinander.

In der **Kostenstellenrechnung** wird die Frage beantwortet: ***Wo*** *sind die Kosten entstanden?*

Hierzu dient der **Betriebsabrechnungsbogen (BAB)** als Instrument, um die primären Gemeinkosten der Abrechnungsperiode aus der Kostenartenrechnung auf die einzelnen Kostenstellen zu verteilen. Einzelkosten, welche allerdings in der Spedition eine untergeordnete Rolle spielen, wandern dagegen direkt in die Kostenträgerrechnung. Neben der Verteilung der Kosten ist eine zweite Aufgabe die **innerbetriebliche Leistungsverrechnung (ILV)**. Dazu werden die Kosten der Hilfskostenstellen mittels verschiedener Verfahren auf die Hauptkostenstellen umgelegt. Dies dient zur Vorbereitung der Kostenträgerrechnung, da über die Kostenstellenrechnung **Zuschlagssätze** (z. B. für die Kosten der Niederlassungsleitung) und **Verrechnungssätze** (z. B. 100 kg-Satz im Umschlaglager) für die Umlage der Gemeinkosten gebildet werden. Drittens dient der BAB zur regelmäßigen (monatlichen) Kontrolle der Wirtschaftlichkeit sowie im Zuge einer Plan-Ist-Analyse zur Überwachung der Kostenbudgets.

In der **Kostenträgerrechnung** wird die Frage beantwortet: ***Wofür*** *sind die Kosten entstanden?*

Die Kostenträgerrechnung wird hierbei nochmals differenziert in die **Kostenträgerstückrechnung** (Kalkulation) und die **Kostenträgerzeitrechnung** (kurzfristige Erfolgsrechnung). Aufgabe der Kostenträgerstückrechnung ist die Kalkulation der Produkt(stück)preise sowie ggf. die Preisbeurteilung im Einkauf bzw. Verkauf. Demgegenüber dient die **Kostenträgerzeitrechnung** zur kurzfristigen (wöchentlichen, monatlichen) Analyse des Leistungsprogrammes durch Gegenüberstellung von Erlösen und Kosten.

1.3 Zwecke der Speditionskosten- und Leistungsrechnung

1.3.1 Preiskalkulation und Preisbeurteilung

Ein wichtiger Zweck ist die Preiskalkulation bzw. Preisbeurteilung.[2] Preise kommen durch Angebot und Nachfrage zustande. Wesentlich ist aber die kaufmännische Prüfung, ob ein im Markt erzielbarer Preis kostendeckend ist oder nicht. Eine Konsequenz eines im Verhältnis zu den Kosten zu niedrigen Marktpreises können detaillierte Überlegungen zur Kostensenkung, aber auch zur Ablehnung eines Auftrages sein. Außerdem spielen Kosten eine wesentliche Rolle für die Preisargumentation bei Angeboten aufgrund von Ausschreibungen und

---

1 Hier und im Folgenden werden Begriffe erwähnt, deren Erklärung erst an den jeweils relevanten Stellen erfolgt. Jedoch steht für den schnellen Überblick auch das *Glossar* am Ende des Buches zur Verfügung.

2 Vgl. zur Unterteilung in einzelne Zwecke *Hummel/Männel*, 1986, S. 26ff., *BSL (Hrsg.)*, 1997, S. 14–15. Eine andere, übergreifende Unterteilung der Aufgabengebiete ist die Differenzierung in Planungs-, Kontroll- und Dokumentationsaufgaben. Vgl. *Haberstock*, 2008, S. 3–5.

insbesondere bei der Rechtfertigung von Preiserhöhungen durch eingetretene Kostensteigerungen. Oft wird die Kostenrechnung herangezogen, um einen Mindestpreis festzulegen, mit Hilfe dessen geprüft werden kann, ob der Verzicht auf einen Auftrag nicht das geringere Übel ist.

Speditionen streben nicht nur nach auskömmlichen Verkaufspreisen, sondern müssen auch niedrige Einkaufspreise erzielen. Hier stellt sich die Frage, welcher Betrag z. B. für eine Transportleistung ausgegeben werden kann, um bei einem vom Markt bestimmten Verkaufspreis und aktuellen Regiekosten einen geplanten Mindestgewinn zu erwirtschaften. Entsprechend ist also eine Beschaffungspreisobergrenze zu kalkulieren.[3]

Kosteninformationen dienen darüber hinaus manchmal auch dem Festlegen der Preise für innerbetriebliche Leistungen, die zwischen Abteilungen oder Niederlassungen ausgetauscht werden. So kann die Analyse der Jahreskosten des Umschlaglagers im Verhältnis zur umgeschlagenen Menge einen 100 kg-Satz ergeben, der als Basis für die innerbetrieblichen Verrechnungen gegenüber nationalen Sammelgutabteilungen, Export-/Import- und Luftfrachtabteilungen dient.

1.3.2 Kontrolle der Wirtschaftlichkeit

Mit einer einfachen Überwachung kann man Kostenarten kontrollieren. Wichtige Kostenarten wie bspw. Löhne und Gehälter, Fuhrparkkosten oder Raumkosten (Mieten) werden mit dem Vormonat oder dem gleichen Vorjahresmonat verglichen. Ergänzt werden diese Zeitvergleiche durch Betriebsvergleiche, z. B. mit anderen Niederlassungen.[4] Die moderne Kostenrechnungspraxis vergleicht methodisch besser mit Sollwerten, die sich am Branchenbesten im jeweiligen Geschäftsfeld orientieren (Benchmarking). In der Kostenstellenrechnung werden Kostenarten zweckmäßig abteilungs- oder verantwortungsbereichsbezogen kontrolliert.

1.3.3 Gewinnung von Unterlagen für Entscheidungsrechnungen

Bei Entscheidungen können kosten- und erlösbezogen unterschiedliche Alternativen miteinander verglichen werden. Beispiele hierfür sind Verfahrensvergleiche, z. B. die Verkehrsträgerwahl zwischen Lkw und Eisenbahn, manuellem oder automatisiertem Umschlag, zentralisierten oder dezentralisierten Transportnetzen. Häufig sind es Vergleiche zwischen Selbsteintritt oder Fremdvergabe: Soll mit eigenem Lkw gefahren werden oder der Transportauftrag an einen Unternehmer vergeben werden? Schließlich gehört hierzu die Entscheidung über Annahme oder Ablehnung von Aufträgen und die Gestaltung des am Markt angebotenen Dienstleistungsprogramms.[5]

---

3 Vgl. hierzu auch das Beispiel auf *Seite 90*.

4 Auf die in der speditionellen Kostenrechnung immer wichtiger werdende Thematik "Kennzahlen und Benchmarking" wird in *Kap. 5* eingegangen.

5 Vgl. zu weiteren Entscheidungsproblemen der Kosten- und Leistungsrechnung in der Spedition, *Kempf, B./ Tschischka, W.*, 2012, S. 5.

1.3.4 Kurzfristige Erfolgsrechnung

Der jährliche Abschluss für das gesamte Unternehmen in der Buchhaltung ist für viele Entscheidungen zu selten, zu spät und zu wenig differenziert. Die kurzfristige Erfolgsrechnung (Kostenträgerzeitrechnung) stellt Kosten und Erlöse meist monatlich gegenüber und differenziert z. B. nach Klein-/Großkunden, Dienstleistungsbereichen oder Relationen, um einen detaillierten Einblick in die Erfolgsquellen zu erhalten. Durch Bildung relevanter Kennzahlen (z. B. Leerkilometeranteil als Quotient aus Leerkilometer durch Gesamtkilometer) kann diese Analyse noch ausgeweitet werden.

1.3.5 Sonstige Zwecke der Kosten- und Leistungsrechnung

Schließlich werden mit Hilfe der Kosten- und Leistungsrechnung auch Schadensersatzforderungen bemessen, z. B. bei einem fremd verschuldeten Lkw-Unfall, und Informationen für externe Statistiken (z. B. für Verbände, statistische Ämter o. ä.) bereit gestellt.

1.4 Definition und Abgrenzung des Kosten- und Leistungsbegriffes

Kosten sind bewerteter leistungsbezogener Güterverzehr. Sie sind zur Erstellung und zum Absatz betrieblicher Erzeugnisse und zur Aufrechterhaltung der Betriebsbereitschaft notwendig.

Dieser Kostenbegriff enthält drei Merkmale:[6]

- **mengenmäßiger** Güterverzehr
- **Leistungsbezogenheit** des Güterverzehrs
- **Bewertung** des Güterverzehrs (in Geldeinheiten)

Kosten liegen nur vor, wenn alle drei Begriffsmerkmale zugleich erfüllt sind.

✐ *Beispiel*

Bei der Beschaffung eines Lastkraftwagens für den Einsatz im Ladungsverkehr geht eine Rechnung über 65.000 € zzgl. Umsatzsteuer ein. Nach Ablauf der Nutzungsdauer wird von einem Restwert des LKW's in Höhe von 5.000 € ausgegangen.

Handelt es sich um Kosten? Falls ja, wie hoch sind diese pro Jahr?

1) Es liegt ein mengenmäßiger Güterverzehr vor.
2) Leistungsbezogenheit ist beim Einsatz im speditionellen Ladungsverkehr gegeben.
3) Eine Bewertung in Euro ist erfolgt.

[6] Vgl. *Hummel/Männel*, 1986, S. 73.f.

	Anschaffungswert	65.000 EUR
-	Restwert	5.000 EUR
=	Abschreibungssumme	60.000 EUR

Bei einem sechsjährigen gleichmäßigen Einsatz des Lkw sind von den 60.000 € jährlich 10.000 € als Kosten (sog. kalkulatorische Abschreibung) anzusetzen.[7]

✐ *Beispiel*

Beschaffung von 20.000 Litern Dieselkraftstoff à 1,20 €/Liter für die Betriebstankstelle. Hier entstehen zunächst keine Kosten, da der Güterverzehr nicht sofort erfolgt. Streng genommen wird der Dieselkraftstoff erst bei laufendem Motor verbraucht. Man geht jedoch aus Vereinfachungsgründen davon aus, dass Kosten entstanden sind, wenn der Kraftstoff in den Fahrzeugtank gefüllt wird.

Eine **Leistung** ist das Ergebnis der betrieblichen Produktionsprozesse. Leistungen unterscheidet man in:

- Absatzleistungen (werden am Markt verkauft)
- Eigenleistungen (werden im Betrieb als Produktionsfaktoren eingesetzt).

Absatzleistungen im Speditionsbetrieb sind Transport-, Lager- und Umschlagleistungen, reine Speditionsleistungen („Makeln"), Verzollungsleistungen, Organisationsleistungen sowie vielfältige Zusatzleistungen (Value Added Services). Eigenleistungen sind z. B. Eigenreparaturen (Reparatur eines LKW in der eigenen Werkstatt) oder Leistungen der speditionsinternen IT-Abteilung für andere Unternehmensbereiche.

✐ *Beispiel*

Für den Transport einer Sendung von Mannheim nach München berechnen Sie Ihrem Kunden 250 € zzgl. 47,50 € MwSt. = 297,50 €. Davon sind für die Spedition 250 € Leistung bzw. Ertrag, die 47,50 € Mehrwertsteuer sind ein durchlaufender Posten.

Neben dem Kosten- und Leistungsbegriff sind noch die Begriffe **Aufwand** und **Ertrag** von Bedeutung. Aufwand ist ebenfalls bewerteter Güterverzehr. Im Gegensatz zu den Kosten ist Aufwand nicht unbedingt betriebsbezogen (**neutraler Aufwand**) und wird i. d. R. zu Anschaffungspreisen bewertet. Ertrag ist die bewertete Güterentstehung jeder Art. Auch Ertrag ist nicht unbedingt betriebsbezogen, z. B. ein Speditionsertrag aus dem Verkauf von Wertpapieren (= **neutraler Ertrag**). Erträge werden i. d. R. zum Verkaufspreis bewertet.

7 Vernachlässigt wird an dieser Stelle noch der Aspekt des Wiederbeschaffungswertes (WBW).

Die Begriffe Aufwand und Ertrag gehören nicht in die Kosten- und Leistungsrechnung, sondern in die Finanzbuchhaltung. Sie werden im GuV-Konto Aufwand und Ertrag gegenübergestellt.

Der von den Kosten abzugrenzende neutrale Aufwand lässt sich weiterhin differenzieren in einen

- **betriebsfremden neutralen Aufwand**, bei dem kein Bezug zur eigentlichen Geschäftstätigkeit besteht (z. B. eine Spende für eine Erdbebenhilfsaktion)
- **periodenfremden neutralen Aufwand**, zur Abgrenzung von Geschäftsvorfällen, welche anderen Perioden zuzuordnen sind (z. B. Steuernachzahlungen)
- **außerordentlichen neutralen Aufwand**, welcher in Art und/oder Höhe ungewöhnlich ist bzw. nicht regelmäßig anfällt (z. B. Verkauf eines LKW unter Buchwert).

Ähnliche Überlegungen gelten für den neutralen Ertrag.

✎ *Beispiel*

Ein Speditionsbetrieb spendet 100 € an das Rote Kreuz. Da hier der Leistungsbezug nicht gegeben ist, handelt es sich nicht um Kosten, sondern um einen (betriebsfremden) neutralen Aufwand. Eine solche Spende hat mit dem Ergebnis aus betrieblicher Tätigkeit nichts zu tun.

✎ *Beispiel*

Ein Speditionsunternehmen besitzt Aktien. Ihr Kurswert beträgt am 1. Januar eines Jahres 20.000 €. Am 31. Dezember wird dieses Aktienpaket verkauft. Der Kurswert beträgt zu diesem Zeitpunkt 22.500 € (außerordentlicher neutraler Ertrag, aber nicht Leistung in Höhe von 2.500 €).

Weitere zentrale Begriffe der Kosten- und Leistungsrechnung sind die

- **Grundkosten**, welche deckungsgleich sind mit dem Zweckaufwand der Buchhaltung, d. h. kostengleicher Aufwand = aufwandsgleiche Kosten (z. B. Personalkosten)
- **Anderskosten**, welche aufgrund der Freiheitsgrade der Kosten- und Leistungsrechnung in anderer Höhe anfallen als die buchhalterischen Aufwendungen (z. B. kalkulatorische Abschreibungen gegenüber der AfA (= Absetzung für Abnutzung) in der Finanzbuchhaltung)
- **Zusatzkosten**, denen gar kein Aufwand in der Finanzbuchhaltung gegenübersteht (z. B. kalkulatorischer Unternehmerlohn).

Anderskosten und Zusatzkosten werden begrifflich zu den **kalkulatorischen Kosten** zusammengefasst. "Die Verrechnung kalkulatorischer Kosten, die Kostenelemente berücksichtigt, die in der Bilanz nicht als Wertgröße dargestellt werden, dient auch dazu, die Kostenrechnungen unterschiedlicher Betriebe bezüglich ihrer Rechtsform, der Finanzierungsweise, der bilanziellen Wertansätze, des Wagniseintritts und der betrieblichen Nutzung privater Güter vergleichbar zu machen."[8]

Folgende Grafik zeigt noch mal zusammenfassend die Abgrenzung zwischen Aufwand und Kosten.[9]

Abb. 1.1: Gegenüberstellung von Aufwand und Kosten

Um die Systematik zu vervollständigen, werden noch die für die Finanz- und Liquiditätsplanung wesentlichen Begriffe Ein- und Auszahlung bzw. Einnahme und Ausgabe kurz erläutert. **Einzahlung** ist der periodenbezogene Zugang, **Auszahlung** der periodenbezogene Abgang liquider Mittel (Bargeld und Sichtguthaben). Demgegenüber wird unter **Einnahme** der Wert aller veräußerten, unter **Ausgabe** den Wert aller zugegangenen Güter und Dienstleistungen pro Periode verstanden.[10] Unterschiede zwischen diesen Größen gibt es immer dann, wenn Kreditvorgänge stattfinden. Zeitpunktbezogen betrachtet findet in diesem Fall eine Ausgabe vor einer Auszahlung statt (*Fall 3* in der *Abb. 1.2*) bzw. zu einem späteren Zeitpunkt kommt es zur Auszahlung einer bereits stattgefundenen Ausgabe (siehe *Beispiel* unten). Die nachfolgende Abbildung veranschaulicht die grundlegenden Zusammenhänge.

---

8 *BSL (Hrsg.)*, 1997, S. 19.

9 In gleicher Weise kann man ein Abgrenzungsschema für Ertrag und Leistung aufbauen.

10 Vgl. *Haberstock*, 2008, S. 17.

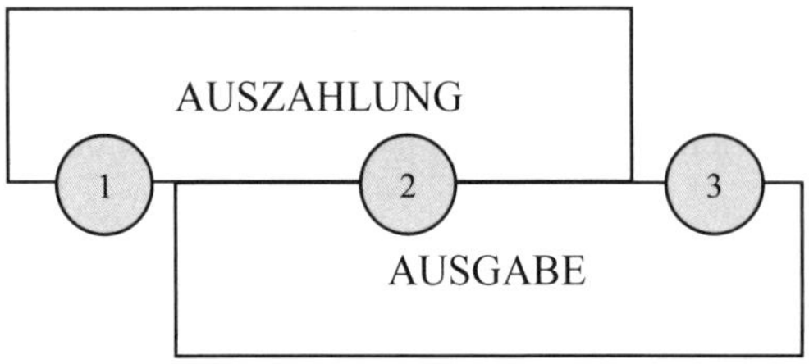

Abb. 1.2: Abgrenzungsschema zwischen Auszahlung und Ausgabe[11]

✐ *Beispiel*

Ein Transportunternehmer erhält die Kreditkartenabrechnung seiner Tankkarte. Bei Abbuchung der Rechnung vom Konto des Unternehmens handelt sich um eine Auszahlung der bereits stattgefundenen Ausgabe (*Fall 1* in der *Abb. 1.2*).

Einnahme und Ertrag bzw. Ausgabe und Aufwand fallen demgegenüber immer dann auseinander, wenn Zugang und Verbrauch von Einsatzgütern (z. B. Bildung von Lagerbeständen; *Fall 4* in *Abb. 1.3*) bzw. aufgrund der Erstellung und Absatz von Gütern und Dienstleistungen (z. B. aufgrund von Nachfrageschwankungen) in unterschiedlichen Perioden stattfinden.[12]

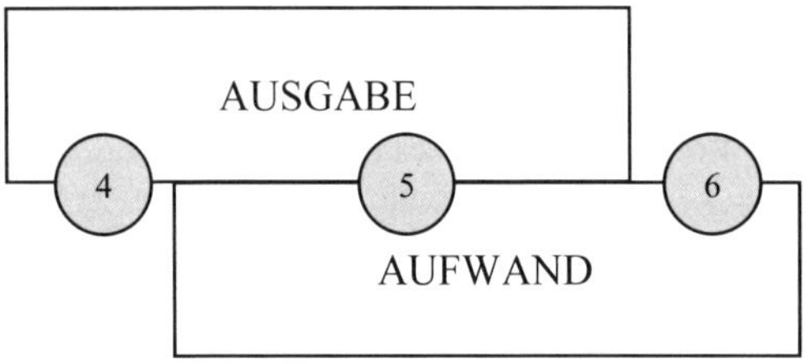

Abb. 1.3: Abgrenzungsschema zwischen Ausgabe und Aufwand[13]

✐ *Beispiel*

Eine Spedition schreibt eine neu gekaufte Nasskehrmaschine für das Lager über 9 Jahre bilanziell ab. Bei den jährlichen Abschreibungen handelt es sich um einen Aufwand, aber nicht (mehr) um eine Ausgabe, da die Investition bereits stattgefunden hat (*Fall 6* in der *Abb. 1.3*).

---

11 Abbildung entnommen bei *Haberstock*, 2008, S. 16.

12 Vgl. *Haberstock*, 2008, S. 19–20.

13 Abbildung entnommen bei *Haberstock*, 2008, S. 16.

1.5 Prinzipien der Kosten- und Leistungsrechnung

Die Kosten- und Leistungsrechnung bedient sich vier grundlegender Prinzipien:

- Verursachungsprinzip
- Durchschnittsprinzip
- Kostentragfähigkeitsprinzip
- Prinzip der Bewertungsfreiheit[14]

Das **Verursachungsprinzip** rechnet Kosten und Leistungen nur dem Kalkulationsobjekt, z. B. der Dienstleistung zu, durch das diese Kosten bzw. Leistungen entstanden sind. Dies fördert Motivation und Verantwortungsbewusstsein der Mitarbeiter.

Gemäß dem **Durchschnittsprinzip** rechnet man bei schwankenden Kosten (bspw. Treibstoffkosten) mit einem Durchschnittswert und erreicht somit eine kontinuierliche Preisbildung.

Das **Kostentragfähigkeitsprinzip** rechnet Kosten und Leistungen dem Bezugsobjekt zu, das die höheren Erlöse und damit auch eine höhere Tragfähigkeit hat. Basis hierfür kann bspw. das Bruttospeditionsergebnis (Rohertrag) sein. Dieses Prinzip steht im Widerspruch zum Verursachungsprinzip, hat eine negative Motivationswirkung und verschleiert die reale Kostensituation.

Das **Prinzip der Bewertungsfreiheit** gestaltet die Kosten- und Leistungsrechnung nach Zweckmäßigkeitsgesichtspunkten. Üblich ist die Bewertung zu Anschaffungswerten, Wiederbeschaffungswerten abzüglich Restwerten, Schätzwerten, Durchschnittswerten und Verrechnungs- bzw. Lenkungspreisen.

1.6 Weitere begriffliche Grundlagen zur Kosten- und Leistungsrechnung

1.6.1 Fixe und variable Kosten

Definitionen

Bleiben Kosten bei Änderung der Beschäftigung konstant, so bezeichnet man sie als **fixe Kosten**. Verändern sich Kosten mit dem Beschäftigungsgrad (Auslastung), so handelt es sich um **variable Kosten**. Typische Fixkosten im Speditionsbetrieb sind Personalkosten für fest angestellte Mitarbeiter, typische variable Kosten sind Kraftstoffkosten.

Fixkosten lassen sich weiter in **Nutzkosten** und **Leerkosten** unterscheiden. Nutzkosten sind Kosten der Betriebsbereitschaft, die zur Leistungserstellung genutzt werden. Leerkosten entsprechen dem nicht genutzten Teil der Betriebsbereitschaft. Folglich sind bei einem Beschäftigungsgrad von 100 alle Fixkosten Nutzkosten.

[14] Die Bewertungsfreiheit wird in der einschlägigen Literatur gängigerweise nicht als Prinzip der Kosten- und Leistungsrechnung angesehen, hier jedoch aufgrund der hervorgehobenen Bedeutung als solches behandelt.

Folgende Graphik soll dies verdeutlichen:

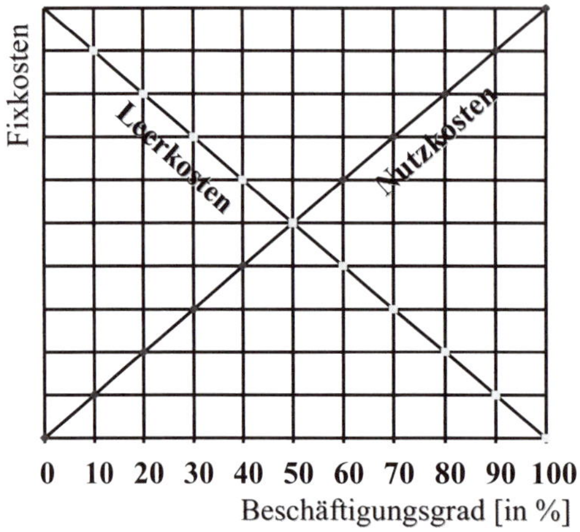

Abb. 1.4: Nutz- und Leerkosten

Fixkostendegression

Bei steigendem Beschäftigungsgrad (Auslastung) sinken die Gesamtkosten pro Leistungseinheit zunächst stark und dann immer schwächer. Dieser Effekt wird **Fixkostendegression** genannt. In Speditionsbetrieben ist die Fixkostendegression besonders bedeutsam, weil der Anteil der Fixkosten an den Gesamtkosten sehr hoch ist.

Beispiel

Ein Lkw hat Fixkosten von 50.000 € pro Jahr. Die variablen Kosten betragen 0,50 €/km. Wie hoch sind die gesamten Kosten pro km bei unterschiedlicher Laufleistung pro Jahr?

Tab. 1.1: Fixkostendegression beim LKW

Km-Leistung	Fixkosten [€]	Variable Kosten [€]	Gesamtkosten [€]	Gesamtkosten pro km
1.000 €	50.000 €	500 €	50.500 €	50,50 €
10.000 €	50.000 €	5.000 €	55.000 €	5,50 €
25.000 €	50.000 €	12.500 €	62.500 €	2,50 €
50.000 €	50.000 €	25.000 €	75.000 €	1,50 €
75.000 e	50.000 €	37.500 €	87.500 €	1,17 €
100.000 €	50.000 €	50.000 €	100.000 €	1,00 €
125.000 €	50.000 €	62.500 €	112.500 €	0,90 €
150.000 €	50.000 €	75.000 €	125.000 €	0,84 €
200.000 €	50.000 €	100.000 €	150.000 €	0,75 €

Folgende Graphik verdeutlicht die Fixkostendegression:

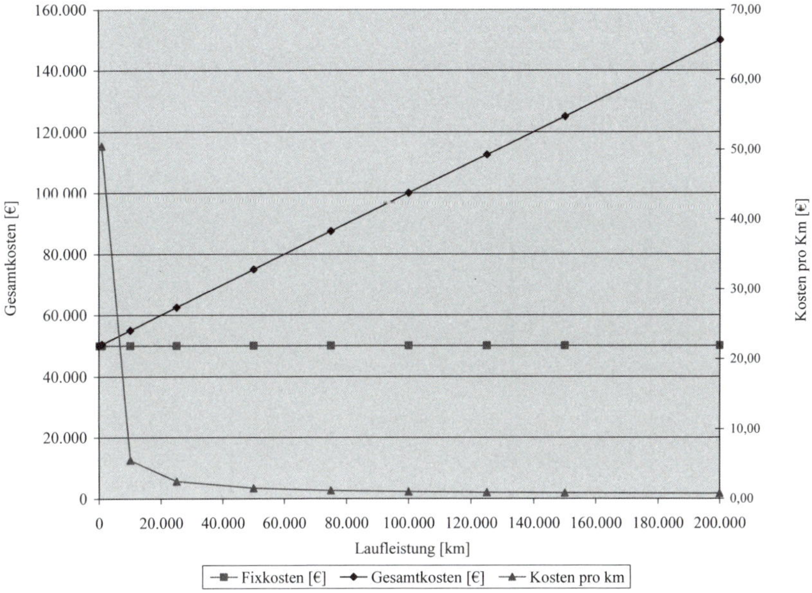

Abb. 1.5: Fixkostendegression beim LKW

Mit steigender Auslastung des Fahrzeugs fallen die Gesamtkosten pro Leistungseinheit. Die Kurve der Gesamtkosten pro km fällt, aber mit degressiver Abnahme (Fixkostendegression).

Der Effekt der Fixkostendegression zeigt sich auch bei der Betrachtung mehrerer Produktionseinheiten. So führt beispielsweise der Kauf eines zweiten LKW nach Erreichen der Kapazitätsgrenze (KapG) zwar zu **sprungfixen Kosten**. D. h., die fixen Kosten steigen bei maximaler Auslastung sprunghaft an, verharren dann aber (bis zum Erreichen der nächsten Kapazitätsgrenze) auf diesem Niveau. Jedoch profitiert man von der Kostendegression bei der Beschaffung der Fahrzeuge, beim Reifenkauf, in der Verwaltung, bei der Disposition, in der Waschanlage etc., so dass die Stückkostenkurve über alle Ausbringungseinheiten betrachtet einen stetig fallenden Verlauf hat.

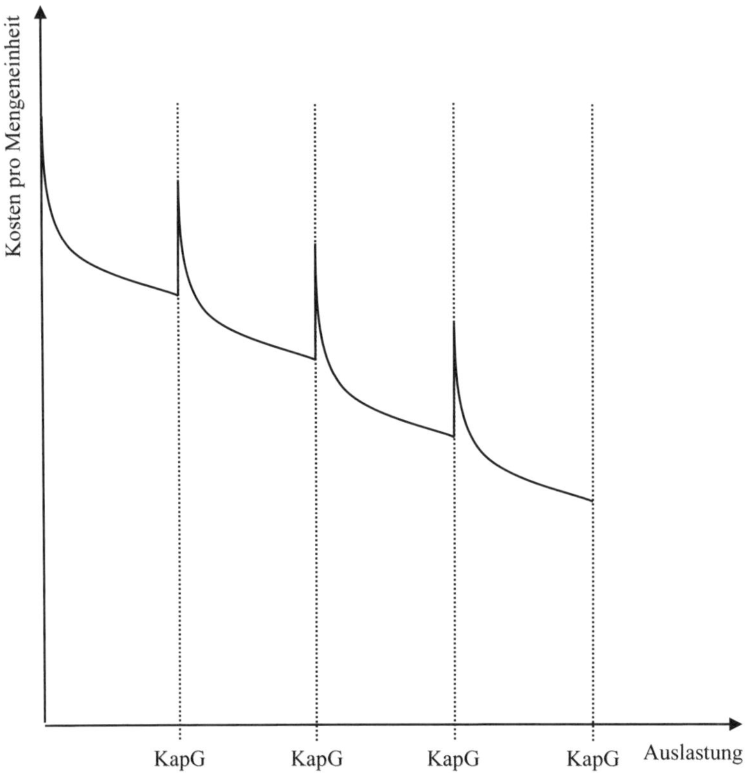

Abb. 1.6: Fixkostendegression bei mehreren Produktionseinheiten

Strategien zur Bewältigung des Problems großer Fixkostenblöcke

Der Anteil der Fixkosten an den Gesamtkosten ist im Speditionsgewerbe sehr hoch. Er liegt je nach Speditionssparte zwischen 70 % und 90 % der Gesamtkosten. Wird nun die Auftragslage schlechter, so fallen zunächst nur die variablen Kosten in Höhe von 10 bis 30 % weg. Die Last der Fixkosten bleibt jedoch bestehen. Dies führt sehr schnell dazu, dass die Gewinne schmelzen und sich Verluste einstellen.

Eine mangelnde Beschäftigung kann sich tageszeitlich (z. B. Mittagsstunden im Umschlaglager), wochentags-, saisonbezogen oder aufgrund schlechter Konjunktur ergeben. Welche Möglichkeiten gibt es nun, mit der aus Unterbeschäftigung resultierenden Fixkostenlast zu Recht zu kommen, die den Gewinn drückt bzw. den Verlust verursacht?

Eine Grundstrategie ist die **Variabilisierung von Fixkosten**. Man verwandelt fixe in variable Kosten. Dies kann man im Umschlaglager dadurch teilweise erreichen, dass man Aushilfskräfte statt fest angestellter Mitarbeiter einsetzt. Diese Kräfte werden nur zu den täglichen Spitzenzeiten (frühmorgens und nachmittags/abends) beschäftigt und verursachen somit in der ruhigen Zeit am Mittag keinerlei Kosten. Geht das Geschäft zurück, kann ihr zeitlicher Einsatz von einem Tag auf den anderen reduziert werden. Sie können sogar ohne Einhaltung einer Kündigungsfrist freigestellt werden.

Im Fuhrpark kann man Kosten dadurch variabilisieren, dass man den eigenen Fuhrpark abbaut und stattdessen selbst fahrende Unternehmer einsetzt, mit denen man versucht variable Vereinbarungen zu treffen. Eigene Fahrzeuge können dann auch in einer schlechteren Beschäftigungssituation hoch ausgelastet werden, indem man den Einsatz der Fremdfahrzeuge entsprechend zurückfährt.

Eine weitere Strategie besteht in der Einrichtung flexibler Produktionsanlagen. So können mit einem Kühlzug nicht nur temperaturgeführte Güter, sondern bei fehlender Kühlladung auch normale Kaufmannsgüter (z. B. als Rückladung) transportiert werden. Entsprechendes gilt auch für alle anderen Produktionsanlagen. Schließlich kann man versuchen, im Verkauf besonders Aufträge für schwache Zeiten hereinzuholen. Dies bringt aber oft, z. B. in der Rezession, besondere Schwierigkeiten mit sich, da alle Wettbewerber dann so vorgehen.

Darüber hinaus besteht die Möglichkeit, ein antizyklisches weiteres Geschäft aufzubauen. Ist z. B. eine Messespeditionsabteilung nur anlässlich von Messeterminen sehr gut beschäftigt, so kann es interessant sein, mit diesen Mitarbeitern noch Spezialtransporte zu betreiben, um die großen saisonalen Lücken zu füllen.

Ergänzend kann man Kapazitäten auf ein realistisches Maß zurückführen und damit Fixkosten reduzieren. Allerdings muss hier die **Kostenremanenz** (siehe unten) beachtet werden. Außerdem kann noch an Kooperation mit anderen Speditionen (z. B. Beiladung, Sammelladungs-Gemeinschaft) gedacht werden.

Die extremsten Möglichkeiten liegen in der Schließung bzw. dem Verkauf einer Sparte oder auch dem Kauf von Wettbewerbern, um ein ausreichend großes und kostengünstig zu realisierendes Volumen in einer Hand zu vereinigen.

Kostenremanenz

Variable Kosten sind dadurch gekennzeichnet, dass sie sich dem Beschäftigungsrückgang anpassen. Fixe Kosten dagegen müssen durch gezielte Maßnahmen bei einem Beschäftigungsrückgang abgebaut werden. Dabei ist zu beachten, dass sich die Fixkosten bei einer Verbesserung der Beschäftigungslage anders verhalten als bei einem Rückgang des Beschäftigungsgrades. So können manche fixen Kosten aus wirtschaftlichen oder sozialen Gründen (z. B. Kündigungsschutz) nicht so rasch und in dem Maße abgebaut werden, wie sie bei einer entsprechenden Steigerung der Beschäftigung ansteigen. Dieses Kostenverhalten nennt man Kostenremanenz.

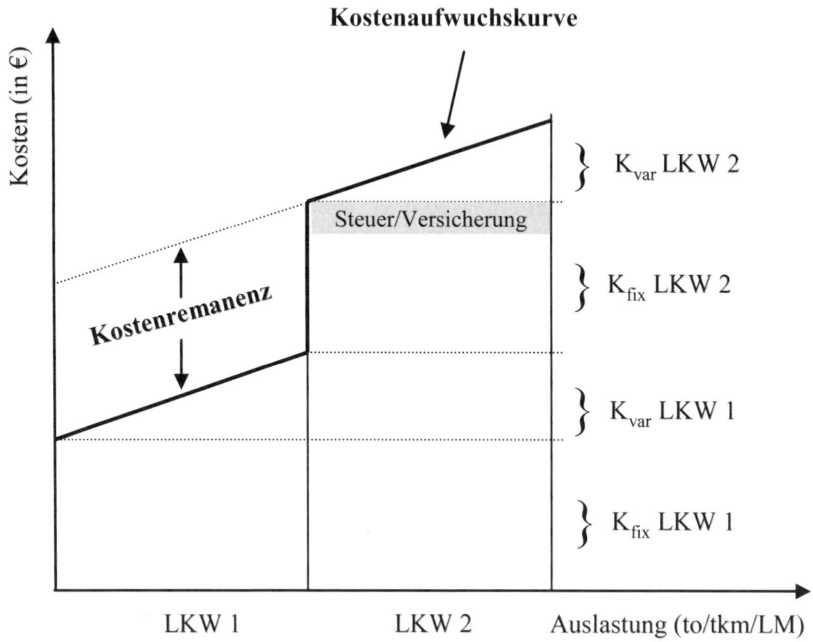

Abb. 1.7: Kostenremanenz beim Lkw

Im Beispiel der *Abb. 1.5* ist bei Beschäftigungsrückgang ein teilweiser Abbau der Fixkosten (Steuer/Versicherung) und damit eine Reduktion des Kostenremanenz-Effektes durch temporäre Abmeldung des Lkw's möglich, jedoch bleiben die Personalkosten bestehen, so lange keine Versetzung oder Entlassung des Fahrers möglich ist.

1.6.2 Tourenabhängige Kosten

Manche Kosten entstehen nur bei bestimmten Touren. Dies sind tourenabhängige Kosten. Sie entstehen z. B. bei einer Innenreinigung von Tankfahrzeugen aufgrund von Wechseln des Ladegutes, durch km-bezogene Straßenbenutzungsgebühren, Tunnel-/Brückengebühren oder Fährkosten. Diese Kosten sind tourbezogen oder auftragsbezogen zu kalkulieren.

1.6.3 Einzel- und Gemeinkosten

Einzelkosten werden direkt der Bezugsgröße (Kostenstelle, Dienstleistung) zugerechnet. **Gemeinkosten** entstehen für mehrere Kostenbereiche oder Dienstleistungen und werden über eine Kostenaufschlüsselung zugerechnet. Sind Kosten direkt einem Auftrag zurechenbar, spricht man von Auftragseinzelkosten. Ist keine direkte Zurechnung möglich, handelt es sich um Auftragsgemeinkosten.

Folgende Übersicht ordnet Kostenarten den Einzel- bzw. Gemeinkosten zu:

Tab. 1.2: Einzel- vs. Gemeinkosten

	Treibstoffkosten	Personalkosten	Verpackungskosten
Stellen-Einzelkosten	×		×
Stellen-Gemeinkosten		×	
Auftrags-Einzelkosten	× (Ladungsverkehr)		×
Auftrags-Gemeinkosten	× (Sammelgut)	×	

Außerdem unterscheidet man echte und **unechte Gemeinkosten**. Unechte Gemeinkosten sind Einzelkosten, die wegen zu hohen Erfassungs- und Verrechnungsaufwands als Gemeinkosten behandelt werden (z. B. Erfassung der Schmierstoffkosten in prozentualer Abhängigkeit von den Treibstoffkosten).[15]

Für die Beziehungen zwischen fixen und variablen Kosten einerseits, Einzel- und Gemeinkosten andererseits, gilt, dass Fixkosten immer Gemeinkosten sind, aber Gemeinkosten sind nicht immer Fixkosten!

1.6.4 Primäre und sekundäre Kosten

Primäre Kosten (= einfache Kosten) beziehen sich auf den Verzehr von Gütern, die das Unternehmen auf Märkten beschafft. **Sekundäre Kosten** (= zusammengesetzte Kosten) bewerten den Verzehr innerbetrieblicher Leistungen.

Beispiele für primäre Kosten im Speditionsbetrieb sind Dieselkraftstoff, Büromaterial oder Versicherungsprämien. Beispiele für sekundäre Kosten sind Werkstattleistungen der eigenen Werkstatt, Nahverkehrsleistungen eigener Fahrzeuge im Sammelgutverkehr und Verwaltungsleistungen.

Man unterscheidet primäre und sekundäre Kosten, um bei innerbetrieblicher Verrechnung von Kosten zwischen Abteilungen einerseits alle Kosten in der Verrechnung zu berücksichtigen und andererseits Doppelzählungen zu vermeiden.

1.6.5 Relevante und irrelevante Kosten

Die begriffliche Trennung in relevante und irrelevante Kosten ist für Entscheidungsrechnungen besonders wichtig. In Bezug auf eine Entscheidung lassen sich erhebliche und unerhebliche Kosten unterscheiden. Die erheblichen oder **relevanten Kosten** werden durch die Entscheidung für eine bestimmte Alternative verursacht und sind somit in der Entscheidungsrechnung zu berücksichtigen. Entscheidungsunerhebliche oder **irrelevante Kosten** können für die Entscheidungsrechnung unberücksichtigt bleiben. So sind z. B. für eine Kostenvergleichsrechnung von Lastkraftwagen kalkulatorische Abschreibungen, kalkulatorische Zinsen, Treibstoffkosten und Reparaturkosten (und damit auch Wartungsintervalle) relevant, Fahrpersonal- und Stellplatzkosten dagegen irrelevant.

15 Siehe dazu auch die Fahrzeugkostenrechnung in *Kap. 2.7*.

1.6.6 Grenzkosten und Grenzerlöse

In der Praxis der Kostenrechnung kommt es darauf an, Änderungen von Kosten und Erlösen zu analysieren und zu kalkulieren. Dies verlangt, z. B. einem zusätzlichen Kalkulationsobjekt stets genau jene Kosten und Erlöse zuzurechnen, die durch die Realisierung dieses Kalkulationsobjektes zusätzlich entstehen und die bei Nichtrealisierung vollständig vermieden worden wären. Diese zusätzlichen Kosten und Erlöse nennt man **Grenzkosten** und **Grenzerlöse**.

Nimmt eine Spedition z. B. einen größeren Auftrag im Sammelgutbereich herein, so sind Grenzkosten alle zusätzlichen Kosten beim Vorlauf, versandseitigem Umschlag, empfangsseitigem Umschlag, Nachlauf und die zusätzlichen Regie- und Verwaltungskosten. Die zusätzlichen Kosten können in vollem Umfang (z. B. Rückrechnungskosten für Umschlag und Nachlauf durch die Empfangsniederlassung) oder anteilig anfallen. Grenzkosten können sowohl variable als auch fixe Kosten (z. B. als Folge der Anschaffung eines zusätzlichen Hubwagens) sein. Hauptlaufkosten sind i. d. R. keine Grenzkosten. Der LKW fährt mit oder ohne die zusätzliche Sammelgutsendung in gleicher Weise, solange er volumen- bzw. gewichtsmäßig noch nicht ausgelastet ist.[16] Darüber hinaus entstehen dann allerdings sprungfixe Kosten, sofern nicht die Möglichkeit der Beiladung besteht.

[16] Noch deutlicher wird dieser Sachverhalt beim zusätzlichen Transport eines weiteren Containers auf einem Containerschiff mit mehreren Tausend Stellplätzen (Slots). Aus Sicht der Reederei fallen für diesen Container keine Grenzkosten an, da es dem Schiff „egal" ist, ob noch ein paar Container mehr an Bord sind, weil dadurch keinerlei zusätzliche Kosten verursacht werden.

1.7 Kontrollfragen, Übungsaufgaben und Fallstudie I zu Kapitel 1

Fragen zur persönlichen Lernerfolgskontrolle (Kapitel 1)

- *Wie unterscheiden Sie Buchhaltung und Kostenrechnung?*
- *Beschreiben Sie die Zwecke der Speditionskosten- und -leistungsrechnung.*
- *Definieren Sie den Begriff Kosten.*
- *Was sind Leistungen?*
- *Grenzen Sie Aufwand und Kosten voneinander ab.*
- *Welche Arten des neutralen Aufwands gibt es?*
- *Wie unterscheiden sich Grundkosten von Anderskosten?*
- *Was sind kalkulatorische Kosten?*
- *Überlegen Sie sich jeweils ein passendes Beispiel aus der Speditionsbranche für Fall 2 der Abb. 1.2 und Fall 5 der Abb. 1.3.*
- *Nennen Sie die grundlegenden Prinzipien der Kosten- und Leistungsrechnung.*
- *Unterscheiden Sie fixe und variable Kosten.*
- *Erläutern Sie den Zusammenhang zwischen Leer- und Nutzkosten.*
- *Was versteht man unter Fixkostendegression?*
- *Nennen Sie Möglichkeiten zur Milderung der Fixkostenproblematik.*
- *Was versteht man unter Kostenremanenz?*
- *Was sind tourenabhängige Kosten?*
- *Was sind Einzel- und Gemeinkosten?*
- *Unterscheiden Sie primäre und sekundäre Kosten.*
- *Welche Kosten sind bei einer Lkw-Beschaffung für den Kostenvergleich der Lkw's von zwei Herstellern relevant?*
- *Was sind Grenzkosten?*

Übungsaufgaben zum Kapitel 1

1. Entscheiden Sie, in welchen der folgenden Fälle es sich um Einzahlungen, Einnahmen, Erträge und/oder Leistungen (Erlöse) handelt!
   a) Ein Schienenverkehrsunternehmen erhält die Jahrespacht für ein von ihr verpachtetes Grundstück per Banküberweisung.
   b) Gutschrift der Bank für einen eingereichten Verrechnungsscheck, den eine Spedition von einem Kunden zum Ausgleich der Ausgangsrechnung erhielt.
   c) Verkauf von Transportleistungen auf Ziel.
   d) Die Spedition Transport Bulli GmbH nimmt einen neuen Gesellschafter auf, der eine Bankeinlage leistet.
   e) Beim Verkauf eines genutzten Kraftfahrzeuges wird ein Erlös erzielt, der 1.000 € über dem Buchwert liegt. Der Käufer des Fahrzeuges überweist den Kaufpreis unverzüglich.
   f) Ein Transportunternehmer stellt einem Kunden Verzugszinsen für die verspätete Zahlung einer Warenlieferung in Rechnung.

2. Eine Spedition kauft im Mai Verpackungsmaterial für den Displaybau auf Ziel und legt dieses auf Lager. Der Rechnungsbetrag wird im Juni beglichen. Im August werden die Displays gebaut. In welchen Monaten entstehen Auszahlungen, Ausgaben, Aufwendungen und Kosten?

3. Ein Logistikdienstleister repariert und verkauft gebrauchte Paletten. Im Januar werden 3.000 Paletten auftragsbezogen repariert und sofort zu einem Sonderpreis von 4,90 € gegen Barzahlung verkauft. Im Monat Februar findet keine Reparaturtätigkeit statt. Es werden aber 2.500 Paletten aus Lagerbeständen zu einem Preis von je 5,20 € verkauft. Davon werden 1.500 sofort bezahlt, 1.000 erst im folgenden Monat. Im März werden 3.500 Paletten repariert und eingelagert. Die Reparaturkosten (Herstellkosten) für die Paletten betragen durchschnittlich 3,50 € je Palette.

4. Geben Sie ein Beispiel für einen betrieblichen Vorgang, der in einer Spedition in der gleichen Periode zu
   a) Auszahlungen, Ausgaben, Aufwand und Kosten
   b) Einzahlungen, Einnahmen, Ertrag und Leistungen

   führt.

5. Ein LKW verursacht einen Fixkostenblock von 50.000 € pro Jahr und variable Kosten von 40.000 € pro Jahr. Beschäftigt ist er an 226 von 240 Einsatztagen. Wie hoch sind die Nutzkosten pro Jahr?

6. Ein Spediteur hat auf einem Lkw eine Teilpartie von 8 to. Er kann dazu 10 to Sammelgut für dieselbe Relation laden. Als tourfixe Kosten entstehen 447,50 € bei Beförderung der 8 to. Nimmt er die 10 to dazu, so entstehen zusätzliche tourvariable Kosten in Höhe von

142,50 €. Wie verändern sich die Durchschnittskosten pro 100 kg bei Mitbeförderung des Sammelgutes?

7. Bei der Transport Bulli GmbH geht man für das Geschäftsjahr von der nachfolgenden Kostensituation aus, wobei 200.000 km mit einem Fahrzeug gefahren werden sollen. Mit dem Kunden wurde ein Pauschalpreis von 133.000 € vereinbart.

Kostenarten	Gesamtkosten
Personal	35.000 €
Treibstoff	40.000 €
Sonstige Betriebsstoffe	3.000 €
Ersatzteile	5.000 €
Reparaturen	4.000 €
Reifen	7.500 €
Steuern	5.000 €
Versicherungen	6.000 €
Abschreibungen	9.000 €
Zinsen	6.000 €

Verrechnen Sie 50 % der kalkulatorischen Abschreibung als variable und 50 % als fixe Kosten.

a) Wie hoch sind für dieses Fahrzeug die variablen Kosten in €/km?
b) Wie hoch sind die Fixkosten pro Tag bei 300 Einsatztagen?
c) Wie hoch ist der kalk. Gewinn für dieses Fahrzeug (ohne Berücksichtigung von Verwaltungs- und Wagniskosten) im Geschäftsjahr?

Fallstudie I zum Kapitel 1:

Parallele Erstellung von Gewinn- und Verlustrechnung, kalkulatorischer Ergebnisrechnung, Liquiditätsplanung und Umsatzsteuerrechnung.[17]

Die Fallstudie dient zur Einübung und Abgrenzung der Begriffe:

- Aufwand/Ertrag
- Kosten/Leistung
- Auszahlung/Einzahlung
- Vorsteuer/Mehrwertsteuer

Eine Mannheimer Spedition plant, eine neue Relation im täglichen Dienst in den Raum Nürnberg anzubieten.

Anschaffungspreis LKW	60.000 €
(Zahlungsziele: ⅓ bei Lieferung bar, ⅓ nach 3 Monaten, ⅓ nach 6 Monaten; gewöhnliche Nutzungsdauer: 5 Jahre, betriebliche Nutzungsdauer: 6 Jahre)[18]	
Preissteigerung:	3.8 % p. a.
Bruttogehalt Fahrer (Monat):	2.750 €
Arbeitgeberanteil (Monat):	475 €
Urlaubsgeld (August, inkl. AG-Anteil):	150 €
Urlaubsvertretung (August, inkl. AG-Anteil):	1.500 €
Weihnachtsgeld (November, inkl. AG-Anteil):	250 €
Reparaturkosten:	3.400 €
(Durchschnittswert über 6 Jahre, im 1. Jahr wahrscheinlich keine)	
Wartungskosten (alle 20.000 km, 2 Monate):	400 €
Öl (alle 10.000 km, 1 Monat):	100 €
Treibstoff (Fremdbetankung, Monatsrechnung)	1,20 €/l
(Verbrauch: 30 Liter/100 km)	
Steuer (Jahr, halbjährliche Zahlung):	800 €
Versicherung (Jahr, halbjährliche Zahlung):	2.500 €
Gemeinaufwand Büro (Monat):	750 €
Einsatzzeit:	50 Wochen à 5 Arbeitstage pro Jahr
Fahrtstrecke:	120.000 km pro Jahr

---

17 Sollten Sie zum jetzigen Zeitpunkt noch nicht ausreichend Kenntnisse zur Bearbeitung der kompletten Fallstudie haben, vervollständigen Sie bitte die Aufgabe nach Abschluss des *Kap. 2* „Kostenartenrechnung".

18 Die gewöhnliche Nutzungsdauer ist Grundlage für die bilanzielle Abschreibung, die betriebliche Nutzungsdauer Grundlage für die kalkulatorische Abschreibung. Der Wiederbeschaffungswert berechnet sich nach der Formel auf *Seite 26*.

Erlöse:	Januar	7.200 €
	Februar	8.000 €
	März	8.800 €

Zahlungsweise der Kunden: 50 % innerhalb von zwei Wochen, 50 % innerhalb von 1,5 Monaten. Es werden Sammelrechnungen am Monatsende gestellt. Die eigene Zahlung erfolgt zwei Wochen nach Zahlungseingang.

Mehrwertsteuer ist ggf. mit 19 % auf die angegebenen Beträge zu berücksichtigen.

Bitte berechnen Sie:

a) Das buchhalterische Betriebsergebnis im 1. Quartal
b) Das kalkulatorische Ergebnis im 1. Quartal
c) Den Zahlungsüberschuss bzw. Fehlbetrag im 1. Quartal
d) Die Mehrwertsteuer-Zahllast im 1. Quartal
e) Die Körperschaftssteuer bei einem Steuersatz von 15 Prozent.

Bitte beachten Sie, dass es sich um eine vereinfachte Aufgabenstellung handelt, in der manches weggelassen ist.

Nachfolgend finden Sie eine Mustervorlage für die Bearbeitung der Fallstudie I.

Fallstudie zu den acht Grundbegriffen des Rechnungswesens

Anschaffungswert (in €)	60.000	WBW (in €)	
gewöhnliche Nutzungsdauer (in Jahren)	5	MwSt (in %)	19
betriebliche Nutzungsdauer (in Jahren)	6		
Preissteigerung p. a. (in %)	3,8		
Restwert (in €)	0		
Einsatz-km (pro Jahr)	120.000		
Treibstoff (€/Liter)	1,2		
Treibstoffverbrauch (l/100 km)	30		

Ergebnisse (in €)		Buchhalterisches Ergebnis		Kalkulatorisches Ergebnis		Liquidität		Mehrwertsteuer	
		Aufwand	Ertrag	Kosten	Erlös	Auszahlung	Einzahlung	Vorsteuer	MwSt
Anschaffungswert	60.000								
Abschreibung									
Bruttogehalt	2.750								
Arbeitgeberanteil	475								
Urlaubsgeld (inkl. AG-Anteil)	150								
Urlaubsvertretung (inkl. AG-Anteil)	1.500								
Weihnachtsgeld (inkl. AG-Anteil)	250								
Reparaturen	3.400								
Wartung	400								
Öl	100								
Treibstoff									
Steuer	800								
Versicherung	2.500								
Gemeinaufwand (insb. Personal)	750								
Erlöse (Januar)	7.200								
Erlöse (Februar)	8.000								
Erlöse (März)	8.800								
Summe									
Über-/Unterdeckung									
zu versteuernder Betrag									
Körperschaftssteuer (in %)	15								

2 Kostenartenrechnung

2.1 Aufgaben und Stellung der Kostenartenrechnung

Die Kostenartenrechnung ist die erste Stufe der Kosten- und Leistungsrechnung. Sie hat folgende Aufgaben:

- Vollständige **Erfassung und Gliederung** der in einer Abrechnungsperiode angefallenen Kosten.
- **Abgrenzungsrechnung**: Kürzung um die neutralen Aufwendungen und Hinzurechnen der Zusatzkosten.
- **Summarische Kostenkontrolle**: Kontrolle des Anteils bestimmter Kosten an den Gesamtkosten (z. B. Personalkosten), das Verhältnis bestimmter Kostenarten zueinander (z. B. Reifenkosten, Treibstoffkosten), die Veränderung der Höhe einzelner Kostenarten im Zeitablauf etc.

Ohne Kenntnis der Kostenarten kann keine Kalkulation erstellt werden oder keine bestehende Kalkulation überprüft werden. Die Anpassung vorliegender Kalkulationen an den aktuellen Stand (z. B. Preisaufschläge aufgrund erhöhter Treibstoffkosten) erfordert ebenso die Kenntnis der Kostenartenrechnung. Außerdem bauen Kostenstellenrechnung und Kostenträgerrechnung auf ihr auf.

Basis für die Erfassung der einzelnen Kostenarten aus der Finanzbuchhaltung kann der vom BSL (jetzt DSLV) empfohlene Kontenrahmen sein.[19] Folgende Kontenklassen sind dafür relevant:

Kontenklasse 4: Kostenarten-Konten

40 Lohn- und Lohnnebenkosten
41 Gehalts- und Gehaltsnebenkosten
42 Fuhrparkkosten
43 Raumkosten
44 Verwaltungskosten
45 Sonstige Steuern, Versicherungen, Gebühren und Beiträge
46 Unternehmenskosten
47 Kosten der Nebenbetriebe
48 Kalkulatorische Kosten
49 Aktivierte Eigenleistungen

---

[19] *Fiedler/Lohre*, 2011, S. 491–492.

Mit der Kontenklasse 4 werden die Gemeinkosten abgedeckt. Die kalkulatorischen Kosten (Kontenklasse 48) müssen für die Verwendung in der Kostenrechnung noch angepasst werden.[20]

Kontenklasse 7: Auftragsgebundene, direkt zurechenbare Speditionskosten

70 Internationale Spedition
71 Seefrachtspedition/Überseespedition
72 Luftfrachtspedition
73 Binnenschifffahrts- und Binnenumschlagspedition
74 Kraftwagenspedition
75 Bahnspedition
76 Lagerei
77 Möbelspedition
78 Logistikprojekte

Die Kontenklasse 7 repräsentiert mit den auftragsgebundenen, direkt zurechenbaren Speditionskosten die zu berücksichtigenden Einzelkosten.

Für die weitere, systematische Betrachtung der angefallenen Kosten in der Kostenartenrechnung stehen verschiedene Strukturierungsmöglichkeiten zur Verfügung. Nach der Art der verbrauchten Kostengüter können fünf **primäre Kostenarten** unterschieden werden:

- Kalkulatorische Kosten
- Stoff-/Materialkosten
- Abgaben an die öffentliche Hand
- Dienstleistungskosten (Fremdleistungskosten)
- Personalkosten

Die Ermittlung dieser primären Kostenarten wird im Folgenden dargestellt.[21]

2.2 Kalkulatorische Kosten

2.2.1 Betriebsmittelkosten

Ursachen des Wertverzehrs bei Betriebsmitteln

Betriebsmittel (z. B. Gebäude, Maschinen, Lkw, Gabelstapler) sind langfristig nutzbare Produktionsfaktoren. Durch ihre Nutzung verringert sich die Restleistung.

Der **Wertverzehr** von Betriebsmitteln kann folgende Ursachen haben:

- *verwendungsbedingter Verzehr* durch Einsatz von Betriebsmitteln im Produktionsprozess (Nutzung für Transport, Umschlag, Lagerung)
- *umweltbedingter Verzehr*: Korrosion, Witterungseinflüsse, natürliche Alterung, etc.
- *Katastrophenverzehr*: Brand, Wasserschäden, Unfälle, etc.

---

20 Vgl. hierzu *Lohre/Trump*, 2007, S. 33 sowie die Ausführungen im *Kap. 2.2* dieses Buches.
21 Zu weiteren Differenzierungsmöglichkeiten vgl. *Haberstock*, 2008, S. 56 ff.

- *Substanzverringerung*: Kiesgewinnung aus Kiesgruben
- *technischer Fortschritt*: Entwertung eines Betriebsmittels durch leistungsfähigere Entwicklungen
- *Nachfrageverschiebung*: Entwertung eines Betriebsmittels durch sinkende Nachfrage eines mit diesem Betriebsmittel hergestellten Produkts

Ordentlicher Werteverzehr resultiert aus der Abnahme der Nutzungsmöglichkeiten. Diesen erfasst die kalkulatorische Abschreibung. Ursache für ordentlichen Güterverzehr sind verwendungsbedingter und umweltbedingter Verzehr, Substanzverringerung und technischer Fortschritt.

Außerordentlicher Werteverzehr (z. B. Katastrophenverzehr) wird, sofern er nicht versicherbar ist (in diesem Fall resultieren Dienstleistungskosten), als kalkulatorisches Wagnis berücksichtigt. Werden diese kalkulatorischen Wagniskosten allerdings nicht angesetzt, tritt im Schadensfall eine Substanzauszehrung ein.

Arten der kalkulatorischen Abschreibung

Betriebsmittel haben die Eigenschaft, über lange Zeit immer wieder eingesetzt zu werden. Dabei stellt sich die Frage: Wie werden die Anschaffungsausgaben unter Berücksichtigung des Restwerts (Schrottwert) und der Preissteigerung (Wiederbeschaffungswert) auf die gesamte Leistungsmenge und/oder die gesamte Einsatzdauer als Kosten verteilt?

Die Kosten- und Leistungsrechnung verwendet hierzu zwei Abschreibungsarten:

- zeitbezogene lineare kalkulatorische Abschreibung
- leistungsbezogene lineare kalkulatorische Abschreibung.

Zur Darstellung der Abschreibungsverfahren werden folgende Symbole bzw. Abkürzungen verwendet:

a_t:	Abschreibungsbetrag der Periode t
S:	Abschreibungssumme
n:	Anzahl der Nutzungsperioden (Nutzungsdauer)
Pr:	Durchschnittliche Preissteigerung pro Periode
R_t:	Restwert am Ende der Periode t
AW:	Anschaffungswert
WBW:	Wiederbeschaffungswert
RW:	Restwert (Schrottwert) im Sinne eines nicht abzuschreibenden Verkaufswertes

a.) Zeitbezogene lineare Abschreibung

Bei der zeitbezogenen linearen Abschreibung werden jährlich identische Beträge unter Berücksichtigung der Preissteigerung und eines eventuellen Restwertes abgeschrieben.

Beispiel

Eine Aufsitzkehrmaschine für das Lager mit einem Anschaffungswert von 15.000 € und einem geschätzten Restwert von 1.500 € soll zehn Jahre eingesetzt werden. Die durchschnittliche jährliche Preissteigerung wird auf 3 % geschätzt. Wie hoch sind die Abschreibungsbeträge?

Formel für den Wiederbeschaffungswert:[22]

$$WBW = AW \times \left(1 + \frac{Pr}{100}\right)^n$$

Berechnung des Wiederbeschaffungswertes:

$$15.000\ € \times 1{,}03^{10} = 20.158{,}75\ €$$

Formel für die Abschreibungssumme:

$$S = WBW - RW$$

$$20.158{,}75\ € - 1.500\ € = 18.658{,}75\ €$$

Formel für den jährlichen Abschreibungsbetrag:

$$a_t = \frac{S}{n}$$

Berechnung des jährlichen Abschreibungsbetrages:

$$a_t = \frac{18.658{,}75\ €}{10} = 1.865{,}88\ €/\text{Jahr} \sim 1.866\ €/\text{Jahr}$$

22 Die Ermittlung des Wiederbeschaffungswertes von Betriebsmitteln erfolgt nach der einfachen Zinseszinsformel im Rahmen der Kapitalverzinsung.

Übersicht über die Wertentwicklung:[23]

Tab. 2.1: Wertentwicklung bei linearer Abschreibung (gerundet)

t	a_t	R_t
1	1.866 €	18.293 €
2	1.866 €	16.427 €
3	1.866 €	14.561 €
4	1.866 €	12.695 €
5	1.866 €	10.829 €
6	1.866 €	8.963 €
7	1.866 €	7.097 €
8	1.866 €	5.231 €
9	1.866 €	3.365 €
10	1.865 €	1.500 €
Summe	18.659 €	

Folgende Graphik verdeutlicht die Zusammenhänge:

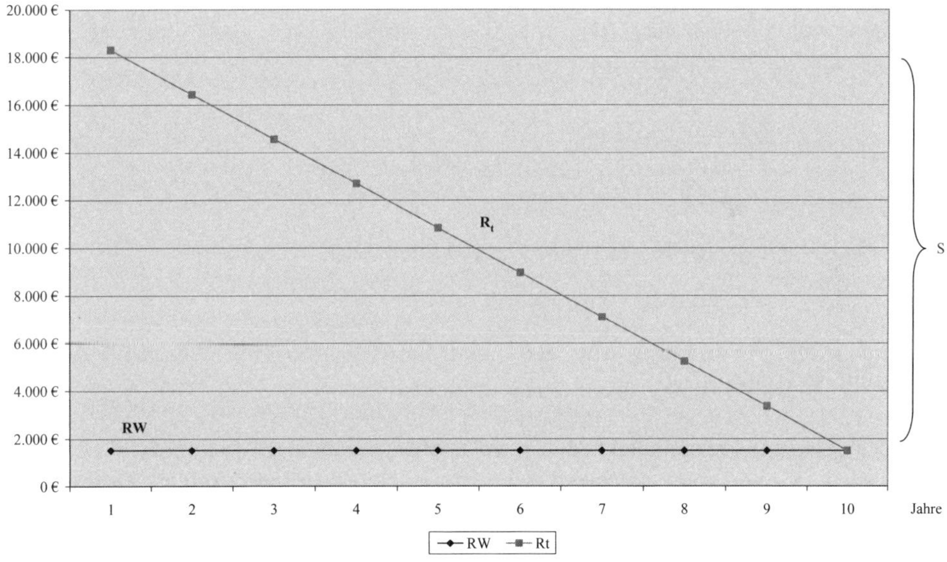

Abb. 2.1: Wertentwicklung bei der linearen, zeitbezogenen Abschreibung

23 In der betrieblichen Praxis wird die Wertentwicklung üblicherweise auf der Basis voller Euro-Werte dargestellt.

b.) Leistungsbezogene lineare Abschreibung

Die reine leistungsbezogene Abschreibung hat dann in der Kostenrechnung Relevanz, wenn der Werteverzehr auf der Basis einer wechselnden Inanspruchnahme oder Substanzverminderung stattfindet.

Verwendete Symbole und Abkürzungen:

a_{NE}:	Abschreibungsbetrag je verbrauchte Nutzeinheit eines Betriebsmittels
NE_t:	Verbrauch an Nutzungseinheiten in der Periode t (Periodenkapazität)
S:	Abschreibungssumme
GNP:	Gesamtnutzungspotential bzw. gesamte Substanzmenge (Totalkapazität)

✎ *Beispiel*

Eine Kiesgrube hat einen Anschaffungswert von 1,2 Mio. €. Die ausgebeutete Grube kann für 400.000 € verkauft werden.
Gewonnen werden können insgesamt 125.000 Tonnen Kies. Im 1. Jahr werden 16.000 to Kies abgebaut. Wie hoch ist die Abschreibung im ersten Jahr?

$$a_{NE} = \frac{S}{GNP} = \frac{0{,}8\,\text{Mio. €}}{125.000\,\text{to}} = 6{,}40\,\text{€/to}$$

$$a_{(t=1)} = \frac{S}{GNP} \times NE_t = 6{,}40\,\text{€/to} \times 16.000\,\text{to} = 102.400\,\text{€/Jahr}$$

c.) Gleichzeitige Anwendung von zeit- und leistungsbezogener Abschreibung auf dasselbe Betriebsmittel

Die beiden Abschreibungsmöglichkeiten werden nicht nur in ihrer Reinform, sondern bei Bedarf auch in Kombination angewendet. So gibt es bei einem Fernverkehrs-Lkw für den ordentlichen Werteverzehr mehrere Ursachen: Verwendungsbedingter Verzehr wird verursacht durch die gefahrenen Kilometer, umweltbedingter (natürlicher) Verzehr und technischer Fortschritt werden durch den Zeitablauf verursacht. Deshalb werden Lkw im Fernverkehr häufig gleichzeitig zeit- und leistungsbezogen (bspw. 50:50) abgeschrieben.

✎ *Beispiel*

Ein Lkw hatte einen Anschaffungswert von 79.810 €. Er wurde vier Jahre eingesetzt und fuhr eine Strecke von 480.000 km, davon im 1. Jahr 105.000 km, im 2. Jahr 120.000 km, im 3. Jahr 135.000 km und im 4. Jahr 120.000 km. Die durchschnittliche Preissteigerungsrate betrug in diesen vier Jahren 5,8 %. Der Wiederverkaufswert nach vier Jahren lag bei 20.000 €.

WBW: 79.810 € × $1{,}058^4$ = 100.000 €
S: 100.000 € - 20.000 € = 80.000 €

Die Abschreibungssumme wird aufgeteilt in einen 50-prozentigen zeitbezogenen (S_z) und einen 50-prozentigen leistungsbezogenen (S_l) Anteil:

S_z: 40.000 €
S_l: 40.000 €

Der leistungsbezogene Abschreibungssatz beträgt:

$$\frac{40.000\,€}{480.000\,\text{km}} = 0{,}08\bar{3}\,€/\text{km}$$

Für die Abschreibungsbeträge und Restwerte ergeben sich bei einem Abschreibungssatz von $0{,}08\bar{3}$ EUR/km folgende Werte:

Tab. 2.2: Abschreibungsverlauf der zeit- und leistungsbezogenen Abschreibung

Periode	zeitbezogene Abschreibung	Kilometer	leistungsbezogene Abschreibung	gesamte Abschreibung	Restwert
1	10.000 €	105.000	8.750 €	18.750 €	81.250 €
2	10.000 €	120.000	10.000 €	20.000 €	61.250 €
3	10.000 €	135.000	11.250 €	21.250 €	40.000 €
4	10.000 €	120.000	10.000 €	20.000 €	20.000 €
Σ	40.000 €	480.000	40.000 €	80.000 €	

Wie schon erwähnt, berücksichtigt die gemischte zeit- und leistungsbezogene Abschreibung zwei unterschiedliche Ursachengruppen für den Güterverzehr. Es empfiehlt sich, bei jedem Betriebsmittel zu überprüfen, ob und in welchem Umfang beide Ursachengruppen von Bedeutung sind. Entsprechend ist zu einem Teil zeitbezogen und zu einem anderen Teil leistungsbezogen abzuschreiben.

Die arithmetisch-degressive, geometrisch-degressive und progressive Abschreibung werden in der Speditionskosten- und -leistungsrechnung nicht angewendet.[24] Grund ist, dass sich diese Abschreibungsmethoden nicht mit dem Durchschnittsprinzip und der damit verbundenen Zielsetzung einer kontinuierlichen Preisbildung vereinbaren lassen. Die degressive Abschreibung ist nur für die Buchhaltung wichtig.

Wie ist jetzt kostenrechnerisch mit der Situation umzugehen, dass die tatsächlich Nutzungsdauer aufgrund einer Fehlschätzung von der kalkulierten nach oben abweichen kann?

---

24 Vgl. zu diesen Abschreibungsmethoden *Haberstock*, 2008, S. 84 ff.

Folgende Alternativen stehen zu Verfügung:

a) Bis zum Ende der Nutzungsdauer wird der bisherige Abschreibungsbetrag beibehalten. In Summe wird durch die Anwendung dieser Methode zu viel abgeschrieben.
b) Der noch vorhandene Restbuchwert wird gleichmäßig auf die Restnutzungsdauer verteilt.
c) Auf der Basis der Ausgangsdaten und der verlängerten Nutzungsdauer wird der jetzt „richtige" Abschreibungsbetrag kalkuliert und auf die verbleibenden Perioden verrechnet. Insgesamt wird auch in diesem Fall zu viel abgeschrieben.

Angewendet werden sollte das Verfahren c), da nur in diesem Fall in der verbleibenden Nutzungsdauer korrekt abgeschrieben wird. Anderenfalls kompensiert man einen Fehler der Vergangenheit durch einen weiteren Fehler für die Zukunft.[25] Analoge Überlegungen können für eine Fehleinschätzung nach unten (kürzere tatsächliche Nutzungsdauer) angestellt werden.[26]

Unterschiede zwischen bilanzieller und kalkulatorischer Abschreibung

Die Abschreibung in der (Steuer-)bilanz heißt Absetzung für Abnutzung (AfA). Vom Anschaffungswert wird auf Null (bzw. den Erinnerungswert von einem Euro) abgeschrieben. Wird das Betriebsmittel nach Ende der Nutzungsdauer zum Restwert verkauft, so entsteht ein außerordentlicher Ertrag. Die AfA mindert also nur in Höhe der Differenz Anschaffungswert (bzw. Herstellungswert) abzüglich Restwert den Gewinn. So bleibt das Kapital nominal erhalten: Aus der Summe von Restwert und allen Abschreibungsbeträgen ergibt sich das eingesetzte Kapital.

Die kalkulatorische Abschreibung schreibt vom Wiederbeschaffungswert auf den Restwert ab. Erzielt das Unternehmen im Durchschnitt kostendeckende Preise, so kann es aus der Summe von Restwert und allen kalkulatorischen Abschreibungsbeträgen nach Verkauf des alten Betriebsmittels den teueren Nachfolger kaufen. So bleibt das Kapital substanziell erhalten: Aus der Summe von Restwert und allen kalkulatorischen Abschreibungsbeträgen ergibt sich der Kaufpreis für den Nachfolger.

Die Abschreibungsdauer heißt bei der AfA **gewöhnliche Nutzungsdauer**. Für Lastkraftwagen beträgt sie zurzeit in Deutschland gemäß AfA-Tabelle neun Jahre.[27] Jedoch kann diese Vorgabe modifiziert werden.[28] Die **betriebliche Nutzungsdauer** in der Kostenrechnung kann von der gewöhnlichen Nutzungsdauer abweichen (Anderskosten).

---

[25] Vgl. *Haberstock*, 2008, S. 90. In der betrieblichen Praxis wird man sich aus pragmatischen Gründen aber häufig auch für die Alternative b) entscheiden.

[26] Die Differenzbeträge sind – je nach Geschäftsvorfall – als neutrale Aufwendungen bzw. neutrale Erträge zu buchen.

[27] Die jeweils gültige AfA-Tabelle findet man auf der Internetseite des Bundesministeriums der Finanzen (www.bundesfinanzministerium.de).

[28] In den „Allgemeinen Vorbemerkungen zu den AfA-Tabellen" findet man hierzu unter Punkt 2 folgende Passage: „Die in den AfA-Tabellen angegebene ND (Nutzungsdauer, *Anmerkung der Verfasser*) dient als Anhaltspunkt für die Beurteilung der Angemessenheit der steuerlichen Absetzung für Abnutzung (AfA). Sie orientiert sich an der tatsächlichen ND eines unter üblichen Bedingungen arbeitenden Betriebs. Eine glaubhaft gemachte kürzere ND kann den AfA zugrunde gelegt werden." Dies dürfte für die tatsächliche (kürzere) Nutzungsdauer eines LKW regelmäßig der Fall sein.

Bei der AfA erlauben die Steuerbehörden häufig die degressive Abschreibung. In den ersten Jahren wird viel, in den letzten Jahren wenig abgeschrieben. Die kalkulatorische Abschreibung dagegen schreibt aufgrund des Durchschnittsprinzips ausschließlich linear ab. Der Staat verfolgt mit steuerlichen Abschreibungsvorschriften konjunkturelle Ziele. Zur Konjunkturbelebung werden die Abschreibungsvorschriften gelockert, um Kaufanreize zu schaffen, bei Hochkonjunktur werden sie verschärft.

Die geometrisch-degressive AfA ist nur für bewegliche Wirtschaftsgüter zulässig. Der Abschreibungssatz beträgt das 2,5-fache des linearen Satzes, jedoch maximal 25 %. Für nach dem 31. Dezember 2010 angeschaffte Wirtschaftsgüter ist eine degressive Abschreibung allerdings buchhalterisch nicht mehr erlaubt.

Vereinfachung in der Kostenrechnungspraxis

In der Kostenrechnungspraxis wird die kalkulatorische Abschreibung oft vom vollen Anschaffungswert gerechnet. Der Restwert wird nicht abgezogen. Die Differenz von Wiederbeschaffungswert und Anschaffungswert geht nicht in die Abschreibung ein.

Aus Vereinfachungsgründen wird weder die durchschnittliche jährliche Preissteigerung, noch der Restwert geschätzt. Dieses Verfahren unterstellt, dass der „Teuerungsbetrag" (Differenz zwischen Wiederbeschaffungs- und Anschaffungswert) und der Restwert identisch sind. Ist dies nicht der Fall, ergeben sich zwangsläufig Kalkulationsfehler.

2.2.2 Kapitalkosten

Vorüberlegungen

Durch die Nutzung des Produktionsfaktors Kapital entstehen Kapitalkosten. Das Kapital fließt im Lauf der Zeit über die Erlöse zurück und steht dann für neue unternehmerische Aktivitäten zur Verfügung.

Bei der Kalkulation von Kapitalkosten ergeben sich zwei Fragenkomplexe: Die Festlegung der Höhe des Kapitals, für das Kapitalkosten anzusetzen sind und die Bestimmung des kalkulatorischen Zinsfußes für dieses Kapital, d. h., was kostet mich das notwendige Kapital.

Die Höhe des betriebsnotwendigen Kapitals

Ausgangspunkt für die Berechnung des betriebsnotwendigen Kapitals ist das (aus der Bilanz zu entnehmende) betriebsnotwendige Vermögen.

Einerseits ist hier zu berücksichtigen, dass die Bilanzwerte um geringwertige Wirtschaftsgüter (Anschaffungswert bis 410,00 €, vgl. § 6 Abs. 2 EStG) zu ergänzen sind. Andererseits ist zu kürzen um nicht betriebsnotwendige Vermögensteile, die in der Bilanz erscheinen. Dies sind: nicht nur vorübergehend stillgelegte Produktionsanlagen, Wertpapiere oder mit der Dienstleistungserstellung nicht verbundene Beteiligungen.

Vom Gesamtwert des betriebsnotwendigen Anlage- und Umlaufvermögens sind unentgeltlich zur Verfügung stehende Kapitalanteile ggf. abzuziehen. Dieses **Abzugskapital** besteht aus zinslosen Darlehen, Kundenanzahlungen und Lieferantenverbindlichkeiten. Jedoch ist bei diesen Geschäftsvorfällen darauf zu achten, dass Zinskosten nicht doppelt angesetzt werden. Wird bspw. Lieferantenskonto genutzt und ein um Skonto verminderter Anschaffungswert in die Bilanz eingestellt, dürfen die entsprechenden Lieferantenverbindlichkeiten nicht noch als Abzugskapital berücksichtigt werden.[29]

Kapitalkosten werden sowohl für Eigen- als auch für Fremdkapital angesetzt. In beiden Fällen wird der Produktionsfaktor Kapital für die Dienstleistungserstellung eingesetzt. Bezogen auf den bilanziell nicht möglichen Ansatz von Zinskosten für Eigenkapital wird dem **Opportunitätskostenprinzip** (Möglichkeit der alternativen Kapitalanlage) gefolgt. Das Eigenkapital steht, da es innerbetrieblich „eingesetzt" wird, einer anderweitigen Nutzung in Verbindung mit der Erzielung von Zinsen nicht (mehr) zur Verfügung.

a.) Ermittlung der Höhe des gebundenen Kapitals beim Anlagevermögen

Um die Höhe des in Betriebsmitteln gebundenen Kapitals zu ermitteln, muss die Veränderung der Kapitalbindung über die gesamte betriebliche Nutzungsdauer verfolgt werden.

Der Kauf eines Lkw bindet Kapital in Höhe des Anschaffungswertes. Anschließend erzeugt der Lkw Transportleistungen, die den Kunden berechnet werden. Der Rechnungsbetrag (Erlös) muss alle bei der Leistungserstellung entstandenen Kosten decken und einen Überschuss erwirtschaften. Der Erlösanteil für die Deckung der kalkulatorischen Abschreibung reduziert das in dem Lkw gebundene Kapital. Mit jedem eingehenden Rechnungsbetrag für eine Transportleistung des Lkw´s mindert sich das gebundene Kapital bis zum Restwert. Erwartete Restwerte werden basierend auf Erfahrungen, Auskünften von Lieferanten oder von Gebrauchspreislisten geschätzt.

Für einen LKW mit einem Anschaffungswert von 60.000 € einer Nutzungsdauer von fünf Jahren und einem Restwert von 10.000 € verdeutlicht folgende Abbildung die Berechnung des durchschnittlich gebundenen Kapitals.

[29] Ähnliche Überlegungen gelten für Geldeinbußen aufgrund von Preisnachlässen im Rahmen von Kundenanzahlungen. Vgl. hierzu auch *Hummel/Männel*, 1986, S. 177.

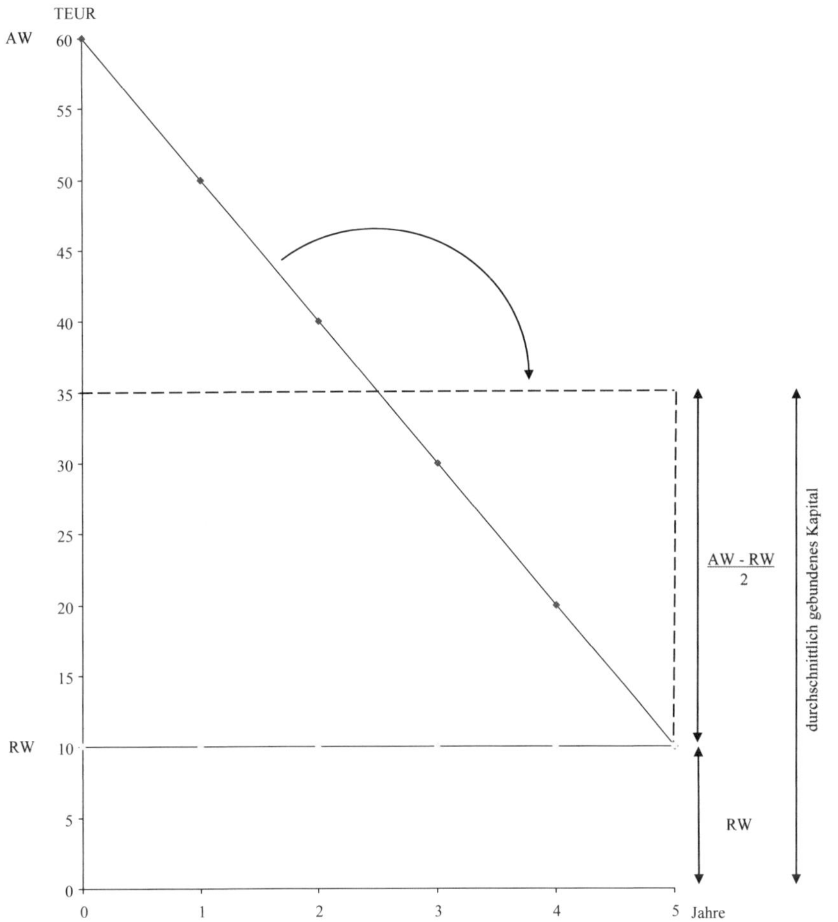

Abb. 2.2. Ermittlung des durchschnittlich gebundenen Kapitals

Die Abbildung zeigt, dass

- Kapital in Höhe des Restwerts von 10.000 € über die gesamte betriebliche Nutzungsdauer gebunden ist

  und

- Kapital in Höhe der Differenz Anschaffungswert minus Restwert (60.000 € – 10.000 €) zu Beginn gebunden ist. Diese Differenz sinkt bis zum Ende der betrieblichen Nutzungsdauer auf Null.

Um wegen eines hohen gebundenen Kapitals am Anfang und eines niedrigen am Ende der betrieblichen Nutzungsdauer nicht unterschiedlich hohe Kapitalkosten zu kalkulieren, rechnet man mit dem durchschnittlich gebundenen Kapital.[30]

30 Als Alternative zu dieser Durchschnittsverzinsung steht die Methode der Restwertverzinsung zur Verfügung, welche aber mit dem Durchschnittsprinzip nicht vereinbar ist. Vgl. *Haberstock*, 2008, S. 96.

In *Abb. 2.2* füllt die in den ersten 2½ Jahren der betrieblichen Nutzungsdauer gegebene Kapitalspitze das Kapitaltal der letzten 2½ Jahre aus. Es ergibt sich ein über die gesamte betriebliche Nutzungsdauer durchschnittlich gebundenes Kapital von 35.000 €.

Berechnung des durchschnittlich gebundenen Kapitals:

$$\varnothing \text{ geb. Kapital} = \frac{AW - RW}{2} + RW = \frac{AW + RW}{2}$$

Im Beispiel:

$$\varnothing \text{ geb. Kapital} = \frac{60.000\,€ + 10.000\,€}{2} = 35.000\,€$$

b.) Ermittlung des gebundenen Kapitals beim Umlaufvermögen

Im Speditionsgeschäft ist es üblich, Dienstleistungen zu erbringen und den Kunden danach eine mehrwöchige Zahlungsfrist einzuräumen. Zur Überbrückung der Zeitspanne zwischen Leistungserstellung und Zahlung ist es erforderlich, Kapital auch für die Deckung der Außenstände bereit zu stellen. Die Höhe des hierfür erforderlichen Kapitals wird als Durchschnitt der Außenstände über einen längeren Zeitraum berechnet.

Insbesondere die Beachtung der Kapitalbindung durch Außenstände wird für die Spedition immer wichtiger. Neben konjunkturell schwachen Zeiten ist die Erweiterung des Europäischen Binnenmarktes und die Öffnung der Märkte nach Osten dafür verantwortlich, da im Ausland weitaus längere Zahlungsziele als in Deutschland üblich sind (teilweise 90 Tage und mehr). Die dadurch entstehende Liquiditätsproblematik wird umso deutlicher wenn man andererseits bedenkt, dass eigene Ausgaben der Spedition (z. B. die Lohn- und Gehaltszahlungen für die Mitarbeiter) regelmäßig und ohne Zeitverzug zu leisten sind.

Die Höhe des kalkulatorischen Zinskostensatzes orientiert sich an dem für langfristige, risikoarme Kapitalanlagen (also z. B. festverzinsliche Wertpapiere). Hiermit folgt man dem schon erwähnten Prinzip der Opportunitätskosten (Kosten der entgangenen Gelegenheit). Man setzt i. d. R. den Zinssatz an, der bei alternativer Anlage des betrieblichen Kapitals zu erreichen gewesen wäre.[31]

c.) Beispiele zur Errechnung der kalkulatorischen Zinsen

Folgende Aufstellung zeigt die Ermittlung des gesamten betriebsnotwendigen Kapitals einer Spedition als Basis für die Errechnung der kalkulatorischen Zinsen:

---

[31] Der kalkulatorische Zinssatz wird unternehmensintern, üblicherweise von der Geschäftsführung, festgelegt. Alternative Anlagen am Kapitalmarkt dienen zur Orientierung, von der jedoch abgewichen werden kann.

✐ *Beispiel*

	TEUR	TEUR
Anschaffungswert des gesamten Anlagevermögens	**1.000**	
- Anschaffungswert dauerhaft stillgelegter Betriebsmittel	25	
= Anschaffungswert des betriebsnotwendigen Anlagevermögens	975	
+ RW des betriebsnotwendigen AV nach Ablauf der betrieblichen Nutzung	75	
= Summe Anschaffungswert + Restwert	1.050	
davon 50 % = durchschnittlich gebundenes betriebsnotwendigen AV		**525**
+ durchschnittlicher Wert des Umlaufvermögens	200	
- Wertpapiere	30	
- leistungsfremde Beteiligungen	100	70
= betriebsnotwendiges Vermögen		**595**
- zinsfreies Vermögen:		
a) zinsfreie Verbindlichkeiten	60	
b) Kundenzahlungen	15	75
= betriebsnotwendiges Kapital		**520**

Bei einem angenommenen Zinskostensatz von 6 % ergeben sich jährliche Kapitalkosten in Höhe von: 520.000 € × 0,06 = 31.200 €.

Das zweite Beispiel zeigt die Ermittlung der kalkulatorischen Zinsen für Außenstände (Umlaufvermögen) eines Lkw's:

✐ *Beispiel*

Eine Spedition setzt einen eigenen Nahverkehrs-Lkw im Sammelgutgeschäft ein. Bei der Tour des Lkw´s ergeben sich einsatztägliche Kosten von durchschnittlich 250 € bei 240 Einsatztagen pro Jahr. Es dauert im Durchschnitt 21 Kalendertage bis die Kunden die Rechnungen zahlen. Der Kalkulationszinssatz beträgt 6 %.
Wie hoch ist das durchschnittliche gebundene Umlaufkapital und wie hoch sind die kalkulatorischen Zinsen pro Jahr?

Rechnung:[32]

Gesamtkosten pro Tag × Geldeingangs-Kalendertage = ø gebundenes Umlaufkapital für Außenstände

250 €/Tag × 21 Tage = 5.250 €

ø gebundenes Umlaufkapital für Außenstände × Kalkulationszinssatz = kalkulatorische Zinsen pro Jahr

5.250 € × 0,06 = 315 €/Jahr

Unterschiede zwischen kalkulatorischen Zinsen und Zinsaufwand

In der Buchhaltung werden Zinsen so berücksichtigt, wie es mit dem Kreditgeber (Bank) vereinbart wurde. Dabei kann der Zinsaufwand aufgeteilt werden in einen Vorabzins (Disagio), Bearbeitungsgebühren und den laufenden Zins. In der Kostenrechnung dagegen wird der kalkulatorische Zinssatz von der Geschäftsführung vorgegeben.

Bei dem oft vereinbarten Annuitätenkredit der Banken ist der Zinsaufwand anfangs hoch und sinkt mit der Kreditrückzahlung nach und nach. Kalkulatorische Zinsen dagegen werden auf das durchschnittlich gebundene Kapital berechnet und ergeben so einen gleich bleibenden Durchschnittsbetrag.

Der wichtigste Unterschied zwischen Zinsaufwand und kalkulatorischen Zinsen ist, dass Zinsaufwand nur für Fremdkapital, kalkulatorische Zinsen aber sowohl für Eigen- als auch Fremdkapital (Anderskosten) angesetzt werden.

2.2.3 Kalkulatorische Wagniskosten

Ermittlung der kalkulatorischen Wagniskosten

Wagnisse und Risiken sind Verlustgefahren. Grundsätzlich besteht für jedes Unternehmen die Gefahr des teilweisen oder totalen Scheiterns. Sie liegt darin, dass die angebotenen Leistungen am Markt nicht, nicht mehr oder nur noch schwer abgesetzt werden können. Diese allgemeinen Unternehmenswagnisse resultieren z. B. aus Konjunktur- oder Strukturkrisen und der allgemeinen politischen Lage und sind nicht kalkulierbar. Sie sind kein Kostenbestandteil. Allgemeine Unternehmenswagnisse werden durch die Unternehmenschancen aufgewogen. Ihr Ausgleich ist der Gewinn.

Spezielle Wagnisse (Einzelwagnisse) sind die der Dienstleistungserstellung und -verwertung. Für diese speziellen Wagnisse werden Wagniskosten kalkuliert. Ordentlicher Güterverzehr

32 Die nachfolgende Rechnung ermittelt die Kapitalkosten pro Zeit, da für den Geldeingang und damit die Zinsen die Kalendertage relevant sind. Würde man dagegen mit den „Kosten der produktiven Zeit“ unter Berücksichtigung der 240 Einsatztage kalkulieren, ergäbe sich ein anderes Ergebnis (siehe hierzu *Übungsaufgabe 12*).

fließt als kalkulatorische Abschreibung in die Kosten ein (siehe *Kap. 2.2.1*), außerordentlicher Güterverzehr wird als kalkulatorische Wagniskosten berücksichtigt.

Folgende Wagnisse können in Speditionen auftreten:

- Entwicklungsrisiken
  - Innovationsrisiken
    z. B. Verluste durch fehlgeschlagene Entwicklungen
  - Anlaufrisiken
    z. B. Mehrkosten bei IT-Einführungen
- Produktionsfaktorrisiken
  - Betriebsmittelrisiken
    z. B. Reifenpanne, Fehlschätzungen der Nutzungsdauer
  - Stoff-/Materialrisiken
    z. B. Fehlmengenkosten
  - Arbeitsrisiken
    z. B. Diebstahl, Arbeitsfehler, Krankheit
- Leistungsartenrisiken
  - Verladerisiken
    z. B. Verluste aus Schäden an Betriebsmitteln oder Transportgütern
  - Transportrisiken
    z. B. Verluste aus Schäden an Betriebsmitteln oder Transportgütern
  - Umschlagrisiken
    z. B. Fehlverladungen
  - Lagerrisiken
    z. B. Güterüberalterung, Brand, Wasser
  - Risiken bei der Erstellung von Zusatzleistungen
    z. B. Schäden aus Fehlkommissionierung, Verzollungsfehler
  - Speditionsrisiken
    z. B. Verluste aus Fehlverladung oder unpünktlicher Belieferung
- Finanzrisiken
  - Delkredererisiken
    z. B. Verluste aus Forderungsausfällen
  - Währungsrisiken
    z. B. Verluste aus Wechselkursänderungen

Bestehen für spezielle Wagnisse Versicherungen, fließen die Versicherungsprämien als Dienstleistungskosten in die Kostenrechnung. Unversicherte Risiken werden aufgrund von Erfahrungen aus der Vergangenheit geschätzt. Außerordentlicher betrieblicher Aufwand wird so auf die Abrechnungsperioden oder auf die Kostenträger verteilt. Tatsächliche Verluste und kalkulierte Wagniskosten sollten sich langfristig ausgleichen.

✎ *Beispiel*

Bei einem Fernverkehrs-LKW haben sich in den letzten vier Jahren bei einer Gesamtlaufleistung von 600.000 km vier Reifenpannen ereignet. Im kommenden Jahr wird mit einer Fahrstrecke von 160.000 km gerechnet. Pro Reifenpanne ergaben sich:

Reifenkosten:	125 €
Bergungskosten:	100 €
Kosten pro Panne	225 €

Auf die Gesamtleistung von 600.000 km umgelegt ergeben sich 225 × 4 = 900 € Pannenkosten. Umgelegt auf die gefahrenen Kilometer erhält man:

$$\frac{900\,€}{600.000\,\text{km}} = 0{,}15\,\text{Cent/km}$$

Für das kommende Jahr werden in der Vorkalkulation für Reifenwagnisse berücksichtigt:

$$160.000\text{ km} \times 0{,}0015\text{ €/km} = 240\text{ €}$$

✎ *Beispiel*

In den letzten drei Jahren ergaben sich in einer Spedition (Brutto-)Umsätze von insgesamt 12.750.441 € und kumulierte Forderungsausfälle von 377.123 €. Im kommenden Jahr wird mit einem Umsatz von 4.250.000 € gerechnet. Als Wagniskostensatz ergibt sich:

$$\frac{377.123\,€}{12.750.441\,€} \times 100 = 2{,}96\ \%$$

D. h. von einem Euro Umsatz fielen im Durchschnitt 2,96 Cent aus. Für das kommende Jahr ist mit Delkredere-Wagniskosten von 4.250.000 € (Umsatz) × 2,96 % = 125.800 € zu rechnen, falls nicht z. B. durch Konjunkturabschwächung mit einem Anstieg der Konkurse und entsprechend einem Anstieg des Wagniskostensatzes zu rechnen ist.

Wagniskosten sind (bei „Selbstversicherung“) keine eigene primäre Kostenart. Bei Eintritt von Wagnissen werden Stoffe, Betriebsmittel und andere Güter verbraucht, für die entsprechende primäre Kostenarten gegeben sind.

Kalkulatorische Wagniskosten erinnern an den außerordentlichen Güterverzehr und helfen, realistisch zu kalkulieren bzw. Substanzverlust zu vermeiden.

Unterschiede zwischen Wagnisaufwand und kalkulatorischen Wagniskosten

In der Buchhaltung wird der Wagnisaufwand nach dem tatsächlichen Risikoeintritt berücksichtigt: Platzt ein Reifen, wird der Betrag für den Neureifen als Aufwand gebucht. In der Kostenrechnung dagegen werden die kalkulatorischen Wagniskosten mit Hilfe von Wagnissätzen als Durchschnitt gerechnet und – je nach Entwicklung der tatsächlich eintretenden Risiken – jährlich (ggf. rollierend) angepasst.

2.2.4 Kalkulatorische Miete

Für den Ansatz kalkulatorischer Mieten in der Kostenrechnung sind unterschiedliche Ausgangssituationen denkbar. Handelt es sich bei den Büroräumen um gemietete Räume, fallen Kosten in gleicher Höhe wie die entsprechenden Mietaufwendungen in der Finanzbuchhaltung an. Sind die Räumlichkeiten demgegenüber im Unternehmensbesitz, fallen Aufwendungen an (anteilige Grundsteuer, Instandhaltungskosten etc.), die in ihrer summierten Höhe allerdings von der marktüblichen Miete abweichen können. Daher wird in diesem Fall eine vergleichbare ortsübliche Miete als kalkulatorische Miete angesetzt (Anderskosten).[33] Schließlich besteht die Möglichkeit, dass ein Einzelunternehmer oder Gesellschafter einer Personengesellschaft Privaträume für betriebliche Zwecke zur Verfügung stellt. Hier kann eine kalkulatorische Miete angesetzt werden, deren Höhe sich nach dem ortsüblichen Mietzins (Opportunitätskosten) richtet. Da diesen kalkulatorischen Mietkosten keine Aufwendungen in der Finanzbuchhaltung gegenüberstehen, handelt es sich in diesem Fall um Zusatzkosten.

2.2.5 Kalkulatorischer Unternehmerlohn

In Kapitalgesellschaften wird die Tätigkeit der Vorstandsmitglieder (Aktiengesellschaft) bzw. Geschäftsführer (GmbH) mit einem entsprechenden Gehalt vergütet, welches in Form von Personalkosten entsprechend in die Kosten(arten)rechnung einfließt. Der kalkulatorische Unternehmerlohn wird dagegen in Einzelunternehmen und in Personengesellschaften für die Arbeit des im Betrieb tätigen Unternehmers angesetzt, da er sich selbst kein Gehalt zahlt, sondern seine Tätigkeit durch den Gewinn abgegolten wird. Die Höhe des Unternehmerlohns richtet sich nach dem durchschnittlichen Gehalt eines leitenden Angestellten in einer vergleichbaren Position in einem vergleichbaren Unternehmen. Alternativ kann auch – entsprechend dem Opportunitätskostengedanken – das Gehalt angesetzt werden, das der Eigentümer/Gesellschafter in einer ähnlichen Position in einem ähnlichen Unternehmen erhalten würde.

---

33 Vgl. *Kempf, B./ Tschischka, W.*, 2012, S. 22.

2.3 Stoff-/Materialkosten

2.3.1 Ermittlung der Stoff-/Materialkosten

Stoff- bzw. Materialkosten entstehen in Speditionen durch den Verzehr von Kraftstoffen, Schmier- und Schutzstoffen, Wartungs- und Kleinteilen, Strom, Gas, Wasser, Büro- sowie Reinigungsmaterial. Stoffe und Material werden verbraucht, d. h. sie gehen im Produktionsprozess unter.

Aufgabe der Kostenrechnung ist es, den Stoff- bzw. Materialverbrauch zu erfassen und zu bewerten. Dafür stehen für den praktischen Einsatz in der Spedition im Wesentlichen zwei Methoden (**Inventurmethode**, **Fortschreibungsmethode**) zur Verfügung, deren unterschiedliche Ergebnisse im Folgenden anhand eines Beispiels vorgestellt werden.

✎ *Beispiel*

Inventurmethode:

Anfangsbestand an Dieselkraftstoff lt. Inventur		12.000 Liter
+	Zugang lt. Lieferschein	20.000 Liter
-	Ist-Endbestand lt. Inventur	20.000 Liter
=	Ist-Verbrauch	12.000 Liter

✎ *Beispiel*

Fortschreibungsmethode:

Anfangsbestand an Dieselkraftstoff lt. Inventur		12.000 Liter
+	Zugang lt. Lieferschein	20.000 Liter
-	Ordentlicher Verbrauch lt. Tankbelegen	8.000 Liter
=	Soll-Endbestand	24.000 Liter
-	Ist-Endbestand lt. Inventur	20.000 Liter
=	Außerordentlicher Verbrauch (Inventurdifferenz)	4.000 Liter

Anhand der unterschiedlichen Ergebnisse erkennt man, dass die **Fortschreibungsmethode** es als einziges Verfahren erlaubt, zwischen ordentlichem Stoffverbrauch und außerordentlichem Stoffverbrauch (z. B. Schwund, Diebstahl, Brand) zu trennen. Ist-Anfangsbestand und Ist-Endbestand werden durch Inventur ermittelt. Der ordentliche Stoffverbrauch wird auf Belegen festgehalten. Sie sind die Grundlage zur Berechnung des mengenmäßigen Verbrauchs. Der außerordentliche Verbrauch ergibt sich als Differenz von Soll-Endbestand und Ist-Endbestand.[34]

Folgende Checkliste kann bei vorhandenen Inventurdifferenzen genutzt werden:

- Gleichen sich die Differenzen im Durchschnitt mehrerer Inventuren aus?
- Sind alle Vorkehrungen gegen Diebstahl getroffen?
- Mögliche Gründe für Fehlerfassungen der Inventur-, Liefer- und Verbrauchsmengen sind durchzugehen!
- Sind die kalkulatorischen Verbrauchsmengen noch realistisch?

Die Bewertung des Stoff- bzw. Materialverbrauchs erfolgt in der Regel zu Anschaffungspreisen. Bei unterschiedlichen oder schwankenden Preisen wird aber häufig zu Durchschnittspreisen bewertet. Kostet z. B. der Kraftstoff an der Betriebstankstelle 1,20 €/Liter und bei Tankstellen 1,25 €/Liter und wird der Verbrauch zu 70 % aus der Betriebstankstelle und zu 30 % bei Tankstellen gedeckt, so ergibt sich daraus folgender gewogener Mischpreis:

$0{,}70 \times 1{,}20$ €/Liter $+ 0{,}30 \times 1{,}25$ €/Liter $= 1{,}215$ €/Liter

Ist der Kostenwert von Stoffen/Materialien gering, werden sie oft als **unechte Gemeinkosten** behandelt. So wird der Ölverbrauch mit ca. 1 - 2 % der Kraftstoffkosten verrechnet. Verbrauchtes Druckerpapier geht in die allgemeinen Verwaltungskosten ein. Diese werden auf die Abteilungen umgelegt. Bei Stoff- und Materialverbrauch mit großen Kostenwerten erfolgt dagegen eine genaue Verbrauchserfassung.

2.3.2 Unterschiede zwischen Stoff-/Materialkosten und Stoff-/Materialaufwand

In der Buchhaltung wird der Stoff-/Materialaufwand dann gebucht, wenn Stoffe/Materialien verbraucht werden. In der Kostenrechnung wird oft der durchschnittliche Verbrauch in die Kosten eingerechnet (z. B. Aufwand für Öl beim Ölwechsel, Kosten des Öles mit kalkulatorischen Durchschnittskosten von 1 - 2 % der Kraftstoffkosten).

In der Buchhaltung dürfen Durchschnittspreise nur für den aktuellen Vorrat gebildet werden.

Beispiel

Erste Diesellieferung:	8.000 Liter	à 1,18 €/Liter
Zweite Diesellieferung:	12.000 Liter	à 1,22 €/Liter

Durchschnittspreis Vorratstank:

$$\frac{1{,}18\,€/l \times 8.000\,\text{Liter} + 1{,}22\,€/l \times 12.000\,\text{Liter}}{20.000\,\text{Liter}} = 1{,}204\,€/\text{Liter}$$

[34] Eine weitere, für die speditionelle Praxis eher ungeeignete Erfassungsmethode wäre die **retrograde Methode** (weder Inventuren, noch Entnahmemessung). Vgl. *Haberstock*, 2008, S. 66.

Dieser Durchschnittspreis verfälscht nicht den Wert des Vermögens und ist deshalb in der Buchhaltung erlaubt. In der Kostenrechnung sind darüber hinaus Durchschnittspreise über das ganze Jahr üblich, um saisonale Preisschwankungen auszugleichen. Außerdem werden Durchschnittspreise für Eigen- und Fremdbetankung kalkuliert.

Inventurdifferenzen schließlich sind in der Buchhaltung betragsgenau auszubuchen. In der Kostenrechnung dagegen können Inventurdifferenzen evtl. sogar in kalkulatorische Verbrauchsmengen eingerechnet werden, wenn diese vorher zu niedrig (z. B. aufgrund einer höheren Verflüchtigung von Flüssigkeiten) waren.

2.4 Abgaben an die öffentliche Hand: Steuern, Gebühren und Beiträge

2.4.1 Kostencharakter von Steuern

Gebühren und **Beiträge** als Entgelt für spezielle Leistungen des Staates oder sonstiger Institutionen gehören zu den Dienstleistungskosten (siehe *Kap. 2.5*). Beispiele hierfür sind Straßenbenutzungsgebühren (Maut) oder Mitgliedsbeiträge an Speditionsverbände.

Steuern steht hingegen keine unmittelbar zurechenbare Leistung gegenüber. Dieser Sachverhalt wird auch „Non-Affektationsprinzip" genannt. Steuern werden dazu verwendet, um die sogenannte „Daseinsfürsorge" des Staates zu finanzieren, z. B. die Verkehrsinfrastruktur (Straßen etc.) und einen Ordnungsrahmen (Rechtssicherheit, öffentliche Ordnung usw.) zu schaffen bzw. zu erhalten, der eine unternehmerische Tätigkeit ermöglicht und fördert.

Bei Steuern stellt sich die Frage nach ihrem Kostencharakter. Die Steuerfestsetzung bewertet den Güterverzehr in Geldeinheiten. Geprüft werden muss aber weiterhin, ob der Leistungsbezug gegeben ist. Jede Steuerart stellt in dem Ausmaß Kosten dar, in dem sie als Bestandteil der Selbstkosten der Erzeugnisse kalkuliert werden muss, damit nach Ende der Produktion alle verbrauchten Produktionsfaktoren wiederbeschafft werden können.

2.4.2 Kategorisierung einzelner Steuerarten

Man unterscheidet folgende Steuerarten:

- Gewinnsteuern
  Der Gewinn ist Besteuerungsgrundlage. Wird kein Gewinn erwirtschaftet, fällt keine Gewinnsteuer an.
- Substanzsteuern
  Hier wird – unabhängig von der Gewinnsituation – die Substanz (z. B. Vermögen, Grundstücke/Gebäude) besteuert. Auch bei Verlusten fallen Substanzsteuern an.
- Verkehrssteuern
  Die wichtigste Verkehrssteuer ist die Umsatzsteuer. Hier entsteht die Steuerschuld mit der Inrechnungstellung eines Aufwands oder Ertrags. D. h., Umsatzsteuer muss auch dann abgeführt werden, wenn Kunden noch nicht bezahlt haben.

- Verbrauchssteuern
  Sie entstehen mit dem Kauf verbrauchsbesteuerter Güter. Die Mineralölsteuer ist z. B. für den Spediteur bzw. Transportunternehmer im Preis des Öls und der Kraftstoffe inbegriffen. Sie wird (in der Regel von den Mineralölhändlern) an den Staat abgeführt.

2.4.3 Gewinnsteuern

Einkommensteuer und Körperschaftssteuer

Speditionen erzielen Einkünfte aus Gewerbebetrieb. Bei Einzelunternehmen bzw. Personengesellschaften sind dies Gewinne sowie Vergütungen, die der Eigentümer oder Gesellschafter für seine Tätigkeit in der Gesellschaft, für an die Gesellschaft gewährte Darlehen oder der Gesellschaft überlassene Wirtschaftsgüter erhält. Einkünfte aus Gewerbebetrieb ist eine der sieben Einkunftsarten im Einkommenssteuer-Gesetz. Darauf wird Einkommenssteuer erhoben. Die Körperschaftssteuer dagegen besteuert die Gesellschaft als juristische Person. Sie ist die Gewinnsteuer von Kapitalgesellschaften (AG, GmbH).

Der Ansatz von Gewinnsteuern als Kosten wurde und wird in der wirtschaftswissenschaftlichen Literatur kontrovers diskutiert. Während das ältere Schrifttum diese Steuern als Gewinnanteil des Staates sieht (Gewinnverwendung) und eine Berücksichtigung als Kosten in der Kostenrechnung negiert, wird im neueren Schrifttum vermehrt auf den vorhandenen Leistungsbezug der Gewinnsteuern hingewiesen.[35]

Gewerbeertragssteuer

Bemessungsgrundlage der Gewerbeertragssteuer ist der Gewerbeertrag. Ausgangsgröße ist der steuerliche Gewinn nach dem Einkommensteuergesetz bzw. dem Körperschaftssteuergesetz. Der steuerliche Gewinn wird um Hinzurechnungen bzw. Kürzungen korrigiert. Die wichtigste Hinzurechnung sind die auf langfristiges Fremdkapital (Dauerschulden) gezahlten Zinsen. Die Gewerbesteuer ist ein bei der steuerlichen Gewinnermittlung abzugsfähiger betrieblicher Aufwand. Da ein klarer Leistungsbezug gegeben ist, sind Gewerbesteuern als Kosten anzusehen.

2.4.4 Substanzsteuern

Grundsteuer wird gewinnunabhängig auf die Vermögenssubstanz erhoben. Wie die Vermögenssteuer[36] ist sie nur insoweit zu den Kosten zu rechnen, wie sie sich auf betriebsnotwendiges Grundeigentum bezieht.

---

35 Vgl. *Bleis*, 2007, S. 54. SCHWEITZER/KÜPPER vertreten die Meinung, dass für die Beurteilung des Kostencharakters von Steuern die vom Entscheidungsträger verfolgte Zielsetzung relevant ist. Da die unternehmerische Gewinnerzielungsabsicht durch Gewinnsteuern (negativ) beeinflusst wird, sind diese entsprechend als Kosten zu betrachten. Vgl. *Schweitzer/Küpper*, 2011, S. 117–118. Im BSL-Kontenrahmen werden Gewinnsteuern dagegen in der Kontenklasse 2 abgegrenzt und als nicht betriebsbedingt angesehen. Vgl. *Fiedler/ Lohre*, 2011, S. 446.

36 Die Vermögenssteuer wird seit 1997 in Deutschland nicht mehr erhoben.

2.4.5 Verkehrssteuern

Umsatzsteuer

Die Umsatzsteuer ist ein durchlaufender Posten. Zu viel gezahlte Vorsteuer wird vom Finanzamt erstattet, zu viel erhaltene Umsatzsteuer wird abgeführt. Die Umsatzsteuer hat keinen Kostencharakter. Einzige Ausnahme ist die Umsatzsteuer auf Präsente über 35,00 € netto pro Jahr und Geschäftspartner. Dieser Umsatzsteuerbetrag darf nicht als Vorsteuer abgezogen werden. Somit ist er in den Kosten zu berücksichtigen.[37]

Sonstige Verkehrssteuern

Die Grunderwerbssteuer wird in der Buchhaltung mit dem Anschaffungspreis des Grundstücks aktiviert. Da aber das Grundstück nicht verbraucht wird (d. h. kein Güterverzehr stattfindet), sind auch keine kalkulatorischen Abschreibungen anzusetzen.

Sind bei der Kapitalverkehrssteuer und der Kraftfahrzeugsteuer die zugrunde liegenden Geschäfte leistungsbezogen, haben diese Steuern Kostencharakter.

2.4.6 Verbrauchssteuern

Mineralölsteuer, Versicherungssteuer etc. haben Kostencharakter, soweit die zugrunde liegenden Geschäfte leistungsbezogen sind. Bei Verwendung zu Reinigungszwecken (z. B. Werkstatt) sind Mineralöle steuerbefreit. In Speditionen werden Verbrauchssteuern meist nicht getrennt erfasst, da sie im Preis für die besteuerten Produktionsfaktoren (z. B. Tanken von Dieselkraftstoff) bereits mit entrichtet werden.

2.4.7 Unterschiede zwischen Steuern als Aufwand und Steuern als Kosten

Steuern können Aufwand und nicht zugleich Kosten sein, wenn der Leistungsbezug fehlt (z. B. für ein „auf Vorrat" gekauftes und betrieblich nicht genutztes Grundstück müssen Grundsteuern gezahlt werden). Umgekehrt (Steuern sind Kosten, aber kein Aufwand) ist es bei Präsenten mit einem Wert (netto: ohne Umsatzsteuer) von über 35,00 € pro Geschäftspartner und Jahr. Dabei darf die Umsatzsteuer nach steuerlicher Vorschrift nicht als Vorsteuer abgesetzt werden.

---

37 Wenn dies nicht erfolgt, entstehen „Scheingewinne". D. h., die Nichtberücksichtigung de facto entstandener Kosten würde sonst zu einem erhöhten Gewinnausweis führen.

✐ *Beispiel*

Präsent für einen Kunden im Wert von 50,00 € zzgl. 19 % Umsatzsteuer.

Vorsteuer:	0,00 €
Aufwand:	0,00 €
Kosten:	59,50 €

2.5 Dienstleistungskosten

2.5.1 Ermittlung der Dienstleistungskosten

Dienstleistungskosten (auch: Fremdleistungskosten) entstehen durch den Verzehr von Dienstleistungen, die von außen („fremd") bezogen wurden.

Für Speditionen typische Dienstleistungen sind: Gütertransporte durch Dritte (Frachtführereinsatz), Versicherungsschutz, Fremdreparaturen, Kommunikation (Telefon/Internet), Werbung, Mieten, Rechtsberatung, Wirtschaftsprüfung, Leasing und Franchising. Kosten für Strom, Gas und Wasser gehören bei Fremdbezug nicht zu den Dienstleistungskosten, sondern zu den Stoff- /Materialkosten.

Probleme der Mengenerfassung und Bewertung ergeben sich bei Fremdleistungen kaum, da diese Informationen den Rechnungen der Dienstleistungsbetriebe entnommen werden. Fremdleistungskosten haben häufig Gemeinkostencharakter und sind somit einem Kostenträger oder gar einer Kostenstelle nicht direkt zuzurechnen.

2.5.2 Unterschiede zwischen Dienstleistungskosten und Dienstleistungsaufwand

Bezogen auf die zu berücksichtigende (absolute) Höhe gibt es keine Unterschiede zwischen Dienstleistungskosten und -aufwand (kostengleicher Aufwand bzw. aufwandsgleiche Kosten). Unterschiede kann es aufgrund von unregelmäßigen Zahlungen (z. B. Versicherungsprämien oder Steuerzahlungen für mehrere Monate im Voraus) geben, welche in der Kostenrechnung unter Berücksichtigung des Durchschnittsprinzips zu zeitlichen Glättungen führen (siehe Fallstudie I zum *Kap. 1*).

2.6 Personalkosten

2.6.1 Bruttolohn/-gehalt und Personalzusatzkosten

Die Personalkosten umfassen alle Kostenbestandteile, die aus dem Einsatz des Produktionsfaktors Arbeit entstehen. Personalkosten machen in Speditionen mehr als 50 % der Gesamtkosten aus. Dabei handelt es sich um:

- direkte Personalkosten
- indirekte Personalkosten
- freiwillige Personalkosten
- Personalgemeinkosten

Indirekte und freiwillige Personalkosten kann man begrifflich noch zu **Personalzusatzkosten** zusammenfassen.

Bestandteil der **direkten Personalkosten** sind in erster Linie die Bruttolöhne bzw. -gehälter, dazu gehören aber auch Leistungszulagen und sonstige Entgelte, wie Mehrarbeits- oder Sonn- und Feiertagszuschläge.

Die **indirekten Personalkosten** setzen sich aus den gesetzlichen und tariflichen Personalzusatzkosten zusammen. Zum gesetzlichen Teil gehören die Arbeitgeberbeiträge zur Sozialversicherung (Renten-, Arbeitslosen-, Kranken- und Pflegeversicherung) sowie Unfallversicherungsbeiträge (Berufsgenossenschaft). Zum tariflichen Teil gehören u. a. bezahlte Ausfallzeiten (Urlaubs-/Weihnachtsgeld) und vermögenswirksame Leistungen. Die indirekten Personalkosten sind in den vergangenen Jahrzehnten stark gestiegen. Erhebliche Kostenbelastungen im personalintensiven Speditionsgeschäft waren und sind die Folge.

Die Zahlung von **freiwilligen Personalkosten** unterliegt unternehmensbezogenen Regelungen. Darunter fallen bspw. die betriebliche Altersversorgung, Berufskleidung, Essens-/Fahrtkostenzuschüsse oder Jubiläumszahlungen.

Zu den **Personalgemeinkosten** gehören Kosten, die mitarbeiterübergreifend anfallen, wie z. B. die Mietkosten für Belegschafts- und Sozialräume und die Kosten für einen freigestellten Betriebsrat.

Personalkosten werden i. d. R. als Kostenstelleneinzelkosten verrechnet. Kosten für Springer werden nach Zeitanteilen mehreren Kostenstellen zugerechnet. Bei entsprechend ausgearbeiteter Kostenrechnung können sie auch bezogen auf einzelne Aufträge erfasst werden.

Einige Bestandteile der Personalzusatzkosten (z. B. Urlaubs-/Weihnachtsgeld) entstehen nicht regelmäßig (monatlich), sondern einmalig im Jahr. Um eine Verzerrung der Kostenstruktur zu vermeiden, werden diese Kosten in ihrer Höhe zu Beginn eines Geschäftsjahres geschätzt und der Betrag gleichmäßig über das Jahr oder im Verhältnis zur Lohn- und Gehaltssumme verteilt. Wird z. B. das zu zahlende Urlaubsgeld in einer Spedition auf 90.000 € für das Geschäftsjahr geschätzt, so sind unabhängig von den Zahlungen 7.500 € pro Monat als Kosten zu verrechnen.

2.6.2 Kalkulation der Personalkosten

Für die Kalkulation einzelner Aufträge in der Spedition (z. B. Umschlagsaufträge, Vercharterung) sollte eine genaue Übersicht über die Lohnkosten inklusive aller Zuschläge erstellt werden. Die folgende Aufstellung „Strukturdaten für eine Lohnstunde" zeigt die Zusammensetzung der jährlichen Gesamtkosten für Löhne, aufgeführt nach direkten, indirekten und freiwilligen Lohnkosten sowie Lohngemeinkosten. Es handelt sich um eine beispielhafte Darstellung, die in der konkreten Ausgestaltung von Unternehmen zu Unternehmen unterschiedlich sein wird.

Jährliche Arbeitstage und Arbeitsstunden	
Tage insgesamt	365
- Samstage/Sonntage	104
- Feiertage (bundeslandabhängig)	12
- Urlaubstage	27
- Krankheitstage	12
- Betriebsversammlung	1
= jährliche Arbeitstage	209

⇒ Jährliche Arbeitsstunden: 209 Tage × 7,6 Stunden/Tag[38] = 1.588,4 Stunden

Jährliche Gesamtkosten für Löhne	
Direkte Lohnkosten pro Arbeitnehmer:	
- Grundlohn	EUR
- Leistungszulage	EUR
- Überstunden	EUR
- Feiertage	EUR
- Urlaub	EUR
- Urlaubs-/Weihnachtsgeld	EUR
- Lohnfortzahlung	EUR
- Vermögensbildung	EUR
= Lohnkosten insgesamt	EUR
Indirekte Lohnkosten pro Arbeitnehmer:	
- Rentenversicherung	EUR
- Krankenversicherung	EUR
- Arbeitslosenversicherung	EUR
- Pflegeversicherung	EUR
- Berufsgenossenschaft	EUR
- Betriebshaftpflicht	EUR
- Betriebsarzt	EUR
= Indirekte Lohnkosten insgesamt	EUR

38 Basis ist eine wöchentliche tarifliche Arbeitszeit von 38 Stunden gemäß Manteltarifvertrag zwischen dem Arbeitgeberverband Spedition und Logistik Baden-Württemberg e. V. und der Vereinten Dienstleistungsgewerkschaft ver.di.

Freiwillige Lohnkosten pro Arbeitnehmer:	
- Betriebliche Altersversorgung	EUR
- Fahrgeld	EUR
- Essensgeld	EUR
- Arbeitskleidung	EUR
= Freiwillige Lohnkosten insgesamt	EUR
Lohngemeinkosten:	
- Miete für Belegschafts- und Sozialräume	EUR
- Abschreibungen auf Einrichtungen	EUR
- Reinigung/Reinigungsmaterial	EUR
- Gas/Strom/Wasser	EUR
- Reparaturen	EUR
- Kosten Personalverwaltung	EUR
- Betriebsratskosten	EUR
- Miete für Telefonanlage	EUR
- Telefongebühren	EUR
- Büromaterial etc.	EUR
Lohngemeinkosten insgesamt	EUR

Addiert man die einzelnen Lohnkostenkomponenten und dividiert den Wert durch die zuvor ermittelten 1588,4 Jahresarbeitsstunden, erhält man die Kosten für eine Lohnstunde. Nach dem Entgelttarifvertrag für Lagerarbeiter in der Spedition in Nordbaden-Württemberg (Stand: 1. Oktober 2010) beträgt der Stundenlohn für einen Umschlag- bzw. Lagerarbeiter 13,26 €. Berücksichtigt man Personalkostenzuschläge inklusive Lohngemeinkosten in Höhe von ca. 65 %[39] erhält man Gesamtlohnkosten für die Stunde in Höhe von 21,88 €.

2.6.3 Unterschiede zwischen Personalaufwand und Personalkosten

Unterschiede ergeben sich durch die Anwendung des Durchschnittsprinzips in der Kostenrechnung.

Personalaufwand wird in der Buchhaltung dann berücksichtigt, wenn er anfällt. So werden Urlaubs- und Weihnachtsgeld sowie Löhne und Gehälter für Urlaubs- und Krankheitsvertretungen bei Auszahlung an die Mitarbeiter als Aufwand gebucht. In der Kostenrechnung dagegen werden Urlaubs- und Weihnachtsgeld als Durchschnitt kalkuliert und mit jeweils 1/12 auf die Monate des Jahres verteilt.

[39] Auf eine konkrete Einzelaufstellung wird an dieser Stelle aufgrund der vorhandenen Unternehmensspezifität der Kostenkomponenten und -werte verzichtet.

2.7 Fallbeispiel I: Aufbau und Durchführung einer Fahrzeugkostenrechnung

Bevor im Folgenden detailliert auf die Fahrzeugkostenrechnung anhand eines 7,5 to LKW eingegangen wird, soll geklärt werden, warum die einzelnen Akteure der Speditionsbranche diese Kalkulation benötigen.

Der **Transportunternehmer (Frachtführer)** braucht sie für seine laufende Kostenkontrolle sowie für die eigene Preiskalkulation respektive Kontrolle der Auftragswirtschaftlichkeit. Ohne solide Fahrzeugkostenrechnung fehlt ihm jegliche Grundlage zur Beurteilung seines unternehmerischen Erfolges. Weiterhin kann sie nützlich sein, um Kostenvergleichsbetrachtungen im Zuge eines geplanten LKW-Kaufes durchzuführen.

Der **Spediteur** als Auftraggeber der Transportdienstleistung benötigt die Fahrzeugkostenrechnung einerseits um Einkaufspreise beurteilen und vergleichen zu können. Weiterhin kann er geplante Preiserhöhungen der Subunternehmer aufgrund von vermeintlichen Kostenerhöhungen prüfen. Schließlich dient sie ihm für den Fall eines möglichen Selbsteintritts als Grundlage für die „Make-or-buy-Entscheidung".

Bei **Logistik-Dienstleistern mit anderen Verkehrsträgern** (z. B. Bahn, Binnen-/Seeschiff oder Flugzeug) ist das Kalkulationsschema in ähnlicher Weise aufgebaut. Weiterhin benötigen diese Verkehrsträger häufig den Lkw im Vor- und/oder Nachlauf des Transports, so dass das Wissen über die Fahrzeugkostenrechnung ebenfalls vorhanden sein muss.[40]

Welche Kostenarten sind beim Aufbau des Kalkulationsschemas zu berücksichtigen?[41]

Bezogen auf die **variablen Kosten** des Fahrzeugeinsatzes (km-Satz) sind es:

- Kalk. Abschreibung (Abnutzung)
- Kraftstoffkosten
- Schmierstoffkosten
- Reifenkosten
- Reparaturkosten
- Maut

Bezogen auf die **fixen Kosten** des Fahrzeugeinsatzes (Tages- bzw. Stunden-Satz) sind es:

- Kalk. Abschreibung (Entwertung)
- Fahrpersonalkosten
- Haftpflichtversicherung
- Kaskoversicherung
- Güterschadenshaftpflichtversicherung
- Kfz-Steuer
- Kommunikationskosten
- Kalk. Zinsen
- Stellplatzkosten
- Sonstige Betriebskosten (z. B. Waschanlage)

---

40 Vgl. hierzu auch die Ausführungen in *Kap. 4.3.5.*

41 Vgl. zum Aufbau einer Fahrzeugkostenkalkulation auch *Klein*, 2005, S. 3ff. und *Wittenbrink*, 2011, S. 35 ff.

- Kalk. Wagniskosten[42]
- Verwaltungskosten

Das folgende Fahrzeugkalkulationsschema setzt sich zusammen aus einem **Übersichtsblatt**, welches die wesentlichen technischen Daten, die Kalkulationsdaten sowie benötigte Kapitalwerte wiedergibt und das Gesamtergebnis der Kalkulation aggregiert darstellt. Daran schließt sich das **Kalkulationsblatt** an, zur Ermittlung der Gesamtkosten sowie der kilometerbezogenen variablen bzw. tagesbezogenen fixen Kosten.

[42] Kalk. Wagniskosten und LKW-bezogene Verwaltungskosten nehmen im Kalkulationsschema der Fahrzeugkostenrechnung eine Sonderstellung ein, da ihre Höhe als prozentualer Anteil an den insgesamt entstandenen Einsatzkosten (fixe und variable Kosten) kalkuliert wird.

Tab. 2.3: Fahrzeugkostenrechnung für einen 7,5 to Lkw (Übersichtsblatt)

1	Kalkulator(en)	Barwig / Hartmann				
2	Datei	FZKR-7,5to.xls				
3	Bezeichnung	Motorwagen/Zugmaschine				
4	Polizeiliches Kennzeichen / Wagen-Nr.	MA-DH 12				
5	***TECHNISCHE DATEN***					
6	Hersteller	Mercedes Benz				
7	Typ	818 l				
8	Baujahr	2011				
9	Anschaffungsjahr	2012				
10	Aufbau	Plane/Spriegel/Hebebühne				
11	Leistung (KW)	130				
12	Reifengröße	235				
13	Zahl der Reifen	6				
14	Zulässiges Gesamtgewicht (to)	7,49				
15	Nutzlast (to)	3,0 (mit Hebebühne)				
16	***KALKULATIONSDATEN***					
17	geschätzte Lebensdauer (Jahre)	7				
18	geschätzte Lebensdauer (km)	504.000				
19	geschätzte km-Leistung pro Jahr	72.000				
20	geschätzte km-Leistung pro Einsatztag	300				
21	geschätzte Einsatztage pro Jahr	240				
22	*Lebensdauer der Reifen in km*			*Reifenkostenberechnung:*		
23	Vorderachse: Neureifen	120.000		1.596,00 €		
24	Hinterachse: Neureifen	140.000		760,00 €		
25	Hinterachse: runderneuerte Reifen	130.000		1.792,00 €	pro Jahr	
26	*Insgesamt verbrauchte Reifen*			**4.148,00 €**	**592,57 €**	
27	Vorderachse: Neureifen	8,4				
28	Hinterachse: Neureifen	4				
29	Hinterachse: Runderneuerte Reifen (in €)	11,20				
30	Wiederbeschaffungspreis eines Neureifens (in €)	190				
31	WB-Preis eines runderneuerten Reifens (in €)	160				
32	WB-Wert Bereifung inkl. Reserverad (in €)	1.330				
33	Kraftstoffverbrauch (l/100km)	16				
34	Preis pro l / Eigenbetankung (in €)	1,20				
35	Anteil Eigenbetankung in %	95%				
36	Preis pro l / Fremdbetankung (in €)	1,25				
37	Anteil Fremdbetankung in %	5%		Ø Preis pro l:	1,2025 €	
38	Tagesumsatz pro Einsatztag (in €)	255				
39	Geldeingangszeit in Tagen	26				
40	Kalk. Zinssatz pro Jahr	7%				
41	geschätzte Preissteigerung pro Jahr	3%				
42	***KAPITALWERTE***					
43	Anschaffungswert mit Bereifung		48.000,00 €			
44	Anschaffungswert ohne Bereifung		46.670,00 €			
45	Restwert **ohne** Bereifung		8.000,00 €			
46	WBW ohne Bereifung		57.398,21 €			
47	gebundenes Anlagevermögen		28.000,00 €			
48	gebundenes Umlaufvermögen		6.630,00 €			
49	betriebsnotwendiges Kapital		34.630,00 €			
50	***FAHRZEUGKALKULATION (GESAMTERGEBNIS)***					
51	Variable Kosten in €/km				**0,2898 €**	
52	Fixe Kosten in €/Tag					**195,51 €**
53	Abschreibungssumme (S)		49.398,21 €			

Nachfolgend wird die Fahrzeugkalkulation detailliert erläutert. Die Ziffern in *Klammern* nehmen Bezug auf die entsprechenden Zeilen der Kalkulation.

- Die geschätzte Lebensdauer (Jahre) *(17)* ergibt sich durch Division der geschätzten Gesamtkilometerleistung *(18)* durch die Jahreskilometerleistung *(19)*. Diese wiederum wird ermittelt durch die Multiplikation der geschätzten Kilometerleistung pro Einsatztag *(20)* mit den geschätzten Einsatztagen pro Jahr *(21)*.
- Die Anzahl an Neureifen für die Vorderachse *(27)* ergibt sich durch Division von *(18)* durch die Lebensdauer der Neureifen auf der Vorderachse *(23)* mal Zwei. Für die Hin-

terachse wird angenommen, dass nach der Erstausstattung auf kostengünstigere runderneuerte Reifen umgestellt wird.[43] Entsprechend ergibt sich die Anzahl an runderneuerten Reifen für die Hinterachse *(29)* mittels Division der Restfahrleistung auf der Hinterachse durch die Lebensdauer von runderneuerten Reifen auf der Hinterachse *(25)*.

- Die als Nebenrechnung an dieser Stelle schon durchgeführte Reifenkostenberechnung verknüpft den Reifenbedarf *(27-29)* mit den Reifenkosten *(30-31)* und rechnet die Gesamtkosten mittels Division durch die Lebensdauer *(17)* auf Jahreskosten herunter.
- Der Wiederbeschaffungswert der Bereifung errechnet sich aus dem Reifengrundausstattung (6+1) multipliziert mit dem Neureifenpreis *(30)*.
- Der ebenfalls als Nebenrechnung erfasste durchschnittliche Dieselpreis ergibt sich durch Multiplikation der Anteile an Eigen- und Fremdbetankung *(35+37)*, multipliziert mit den jeweiligen Einkaufspreisen (ohne Mehrwertsteuer) *(34+36)*.
- Die Kalkulation des Wiederbeschaffungswertes (ohne Bereifung) *(46)* ergibt sich durch Multiplikation des Anschaffungswertes (ohne Bereifung) *(44)* mit der jährlichen Preissteigerung *(41)*, hochgerechnet auf die Nutzungsdauer *(17)*. Die Bereifung wird an dieser Stelle nicht berücksichtigt, da es sich bei den Reifenkosten um variable Kosten handelt.
- Das gebundene Anlagevermögen *(47)* ermittelt sich gemäß der Formel Anschaffungswert *(43)* + Restwert *(45)* dividiert durch Zwei. Diesmal wird der Anschaffungswert (mit Bereifung) verwendet, da der LKW ja mit Reifen gekauft wird. Das gebundene Umlaufvermögen *(48)* erhält man durch Multiplikation des Tagesumsatzes pro Einsatztag *(38)* mit der Geldeingangszeit (in Tagen) *(39)*. Das betriebsnotwendige Kapital *(49)* ist der addierte Wert von gebundenem Anlage- und Umlaufvermögen.
- Die Abschreibungssumme *(53)* errechnet sich aus dem Wiederbeschaffungswert (ohne Bereifung) abzüglich des Restwertes.

---

43 Auf der Vorderachse ist diese Vorgehensweise aus Sicherheitsgründen nicht empfehlenswert.

Tab. 2.4: Fahrzeugkostenrechnung für einen 7,5 to Lkw (Kalkulationsblatt)

54	*KALKULATION*				
55	*VARIABLE KOSTEN*			**€ pro km**	
56	Kalk. Abschreibungen (Abnutzung)	50%	3.528,44 €	0,0490 €	
57	Kraftstoffkosten		13.852,80 €	0,1924 €	
58	Schmierstoffkosten (Zuschlag auf die Kraftstoffkosten)	1%	138,53 €	0,0019 €	
59	Reifenkosten		592,57 €	0,0082 €	
60	Reparaturkosten:				
61	- eigene Werkstatt		1.500,00 €		
62	- fremde Werkstatt		1.250,00 €	0,0382 €	
63	**Gesamte variable Kosten**		**20.862,34 €**	**0,2898 €**	
64	*FIXE KOSTEN*				**€ pro Tag**
65	Brutto-Fahrerlöhne		23.165,00 €		
66	Einsatztage	240			
67	Urlaubstage	30			
68	Krankheitstage	8			
69	Produktivtage Stammfahrer	202			
70	bezahlte Arbeitstage	278			
71	Personalfaktor	1,16	26.832,79 €		111,80 €
72	Sozialaufwendungen (in Prozent der Fahrerlöhne)	27%	7.244,85 €		30,19 €
73	Spesen (in €/Tag)	4	960,00 €		4,00 €
74	**Gesamte Personalkosten (PK)**		**35.037,65 €**		**145,99 €**
75	Kalk. Verzinsung des LKW und des UV		2.424,10 €		10,10 €
76	Kalk. Abschreibung (Entwertung)	50%	3.528,44 €		14,70 €
77	KFZ-Steuer		287,00 €		1,20 €
78	Autobahngebühr (Maut)		- €		
79	KFZ-Haftpflichtversicherung		1.655,00 €		6,90 €
80	KFZ-Kaskoversicherung pro Jahr (in €)	475			
81	Ø KFZ-Kaskoversicherung (bei Anteil Jahren)	1,5	101,79 €		0,42 €
82	Güterschadenshaftpflichtversicherung		360,50 €		1,50 €
83	Garage-/Stellplatzkosten		150,00 €		0,63 €
84	Kommunikationskosten		492,00 €		2,05 €
85	Sonstige Betriebskosten		150,00 €		0,63 €
86	**Zwischensumme I: fixe Kosten ohne PK**		**8.656,83 €**		**36,07 €**
87	**Zwischensumme II: fixe Kosten mit PK**		**43.694,47 €**		**182,06 €**
88	**Einsatzkosten vor Gemeinkosten**		**64.556,82 €**		
89	Kalk. Wagniskosten (als Anteil der Einsatzkosten)	3%	1.936,70 €		8,07 €
90	Allg. Verwaltungskosten (als Anteil der Einsatzkosten)	2%	1.291,14 €		5,38 €
91	**Gesamte fixe Kosten + Gemeinkosten**		**46.922,32 €**		**195,51 €**
92	**Gesamtkosten (fix und variabel)**		**67.784,66 €**	**0,9415 €**	**282,44 €**

- Die kalkulatorische Abschreibung wird zu 50 % als Abnutzung (variabler Kostenanteil) und zu 50 % als Entwertung (fixer Kostenanteil) verrechnet. Zur Ermittlung des Jahreswertes *(56)* wird die Abschreibungssumme *(53)* mit 50 % multipliziert und durch *(17)* dividiert. Zur Ermittlung des kilometerbezogenen Wertes wird das Ergebnis hier und bei den folgenden variablen Kostenkomponenten durch *(19)* dividiert.
- Die Kraftstoffkosten *(57)* erhält man durch Multiplikation der Jahresfahrleistung *(19)* mit dem Kraftstoffverbrauch *(33)* (dividiert durch 100) und dem in einer Nebenrechnung schon ermittelten Durchschnittspreis (siehe oben).
- Die Schmierstoffkosten *(58)* werden als unechte Gemeinkosten behandelt und als prozentualer Zuschlag (1 %) auf die Kraftstoffkosten kalkuliert.
- Die Reifenkosten *(59)* wurden bereits weiter oben im Rahmen einer Nebenrechnung ermittelt.
- Die Reparaturkosten *(61+62)* setzen sich aus Eigenleistungen (interne Verrechnung über einen Stundenkostensatz) und Fremdleistungen (Werkstattrechnung) zusammen.
- *Zeile 63* gibt als Ergebnis der **variablen Kostenkomponenten** einen Kilometersatz (0,2898 €/km) wieder.

- Die Personalkosten *(74)* berücksichtigen – neben dem Bruttolohn des Stammfahrers – die Mehrkosten durch Urlaub und Krankheit (Personalfaktor, *(71)*) sowie die Sozialaufwendungen und die gezahlten Spesen. Der tagesbezogene Wert ergibt sich hier und bei den folgenden fixen Kostenkomponenten durch die Verknüpfung (Division) mit *(21)*.
- Die kalkulatorische Verzinsung des LKW und des Umlaufvermögens *(75)* ergibt sich durch Multiplikation des betriebsnotwendigen Kapitals mit dem kalkulatorischen Zinssatz *(40)*.
- Autobahngebühr (Maut) *(78)* fällt bei einem 7,5 to LKW nicht an.
- Da Kaskoversicherung *(80)* üblicherweise nur für insgesamt 1,5 Jahre gezahlt wird, ist die Gesamtsumme auf das Jahr *(81)* herunterzurechnen.
- Kalkulatorische Wagniskosten *(89)* und allgemeine Verwaltungskosten für den LKW *(90)* werden als prozentualer Zuschlag (3 % und 2 %) auf die bisher entstandenen Gesamtkosten (fix + variabel) *(88)* gerechnet.
- *Zeile 91* gibt als Ergebnis der **fixen Kostenkomponenten** einen Tagessatz (195,51 €) wieder.[44]
- Undifferenziert können die Gesamtkosten in *Zeile 92* auch kilometer- oder tagesbezogen betrachtet werden.

Wie durch eine einfache Kontrollrechnung ermittelt werden kann, reicht der in *Zeile 38* angenommene, durchschnittliche Tagesumsatz von 255,00 € nicht aus, um die Fahrzeugkosten zu decken.

$$K_{var} = 300 \text{ km} \times 0{,}2898 \text{ €/km} = 86{,}94 \text{ €}$$
$$K_{fix} = + \underline{195{,}51 \text{ €}}$$

$$K_{ges} = 282{,}45 \text{ €}$$

Damit liegt der Tagesumsatz um 27,45 € unter den Tagesgesamtkosten ohne Gewinnzuschlag. Mit diesen Überlegungen soll deutlich gemacht werden, wie wichtig eine fundierte und aktuelle Fahrzeugkalkulation für Preisverhandlungen ist![45]

---

44 In sehr geringem Umfang (Berücksichtigung auch von variablen Kosten als Basis für die Ermittlung der Zuschläge für Wagnis- und Verwaltungskosten) sind in dieser Größe auch variable Kosten enthalten.

45 Es wird unterstellt, dass die Mautkosten (im Fall eines LKW ab 12 to zulässigem Gesamtgewicht) in voller Höhe an den Auftraggeber weitergegeben werden können, auch wenn sich die Verfasser bewusst sind, dass dies in der Praxis nicht in allen Fällen gewährleistet ist und insbesondere die zusätzlichen Verwaltungskosten sowie Zinskosten (Zeitverzug zwischen Abbuchung durch Toll Collect und Bezahlung der Rechnungen inkl. Maut durch die Auftraggeber) – also die indirekten Mautkosten – eigentlich zusätzlich in den Auftragskalkulationskosten untergebracht werden müssen. Es wird daher empfohlen, dies im Verwaltungskostenzuschlag zu berücksichtigen.

2.8 Kontrollfragen, Übungsaufgaben und Fallstudien II und III zu Kapitel 2

Fragen zur persönlichen Lernerfolgskontrolle (Kapitel 2)

- *Welche Aufgaben hat die Kostenartenrechnung?*
- *Welche fünf primären Kostenarten werden unterschieden?*
- *Nennen Sie die Ursachen des Werteverzehrs bei Betriebsmitteln.*
- *Wozu dienen Abschreibungen in der Bilanz und in der Kostenrechnung?*
- *Wieso wird in der Kostenrechnung in der Regel linear abgeschrieben?*
- *Worin liegt der Unterschied zwischen der zeitbezogenen und der leistungsbezogenen Abschreibung?*
- *Geben Sie Beispiele für unechte Gemeinkosten.*
- *Wieso setzt man Kapitalkosten an?*
- *Wie wird der kalk. Zinsfuß festgelegt?*
- *Wie unterscheiden sich Zinsaufwand und kalk. Zinsen?*
- *Welche Arten von kalk. Wagnissen können in Speditionen auftreten?*
- *Was sind die Folgen, wenn keine Wagniskosten angesetzt werden?*
- *Wie unterscheiden sich Wagnisaufwand und kalkulatorische Wagniskosten?*
- *Was sind Stoff-/Materialkosten?*
- *Aus welchen Gründen sind die Inventurmethode und die retrograde Methode nicht dazu geeignet, den ordentlichen vom außerordentlichen Stoffverbrauch zu unterscheiden?*
- *Nennen Sie die wichtigsten Steuern mit Relevanz im Speditionsbereich.*
- *Was sind Dienstleistungskosten?*
- *Aus welchen Kostenbestandteilen setzen sich die Personalkosten zusammen?*
- *Wieso ist eine genaue Übersicht der Lohnkostenzuschläge sinnvoll?*
- *Welche Ergebnisse liefert die Fahrzeugkostenrechnung?*

Übungsaufgaben zum Kapitel 2

8. Prüfen Sie, ob die nachfolgenden Aussagen richtig (R) oder falsch (F) sind und kennzeichnen Sie dies mit dem zutreffenden Buchstaben.
   a) Eine Aufgabe der Kosten- und Leistungsrechnung ist es, die Nutzung von Gabelstaplern zu kalkulieren. ( )
   b) Der leistungsbezogene Güterverzehr kann mit dem Marktpreis bewertet werden. ( )
   c) Nutzkosten sind Teil der variablen Kosten, zum Beispiel bei der Fahrzeugkostenrechnung. ( )
   d) Fixe Kosten bleiben beim Verkauf eines Anhängers unverändert. ( )
   e) Es ist sinnvoll, bei nicht ausgelasteter Kapazität ein Produkt so lange zu produzieren, wie die Erlöse die variablen Kosten übersteigen. ( )
   f) Lineare AfA und kalkulatorische Abschreibungen unterscheiden sich bei konstanten Preisen und identischer Laufzeit nur in Bezug auf die Behandlung des Restwertes. ( )
   g) Kalkulatorische Abschreibungen sollten bei steigenden Preisen unter dem Aspekt der substanziellen Kapitalerhaltung auf die Differenz von Wiederbeschaffungswert und Restwert kalkuliert werden. ( )
   h) Kalkulatorische Wagniskosten sollten im Durchschnitt dem Wagnisaufwand entsprechen. ( )

9. Ein Fernverkehrs-Lkw mit einem Anschaffungswert von 100.000 € soll 5 Jahre in einer Spedition genutzt werden. Für den am Ende des fünften Jahres geplanten Verkauf wird mit einem Wiederveräußerungswert von 12.500 € gerechnet. Die Gesamtfahrleistung in 5 Jahren liegt bei 480.000 km (geschätzt). Für die kommenden Jahre wird mit einer durchschnittlichen jährlichen Preissteigerung von 2 % gerechnet.

   a) Wie hoch sind die Abschreibungsbeträge pro Jahr bei zeitbezogener linearer Abschreibung (Fixkostenanteil der kalkulatorischen Abschreibung)?
   b) Wie hoch sind die Abschreibungsbeträge pro km (variabler Kostenanteil der kalkulatorischen Abschreibung)?
   c) Der Lkw ist nach 5 Jahren auf 12.500 € abgeschrieben. Ein Verkauf war am Ende des 5. Jahres nicht möglich. Daraufhin wurde entschieden, das Fahrzeug noch weitere 2 Jahre wie bisher zu nutzen und dann zu verschrotten. Der Schrottwert wurde auf 2.500 € geschätzt. Welche variablen und fixen Anteile der kalkulatorischen Abschreibung sollten im 6. und 7. Jahr kalkuliert werden?

10. Ein LKW hat einen Anschaffungswert von 62.500 € und einen Restwert von 10.000 €. Die gewöhnliche Nutzungsdauer beträgt 5 Jahre, die betriebliche 7 Jahre. Die jährliche Preissteigerung liegt bei 3 %. Nach dem 7. Jahr wird der LKW zum Restwert verkauft.

    a) Stellen Sie einen Abschreibungs- und Restwertplan für bilanzielle AfA und kalkulatorische Abschreibungen auf.
    b) Berechnen Sie Aufwand und Anderskosten.

11. Berechnen Sie für die folgenden beiden Fälle die Differenzen zwischen Aufwand (Andersaufwand) und Kosten (Anderskosten):

   a) Ein Schubmaststapler wird im zweiten Nutzungsjahr abgeschrieben. Anschaffungswert: 12.500 €, Wiederbeschaffungswert: 14.000 € und Restwert 1.400 €. Die gewöhnliche Nutzungsdauer beträgt 8 Jahre. In der Buchhaltung soll linear abgeschrieben werden, für die Kosten- und Leistungsrechnung wird ebenfalls linear abgeschrieben (betriebliche Nutzungsdauer: 6 Jahre).

   b) Eine Spedition hat für drei zu unterschiedlichen Zeitpunkten aufgenommene Darlehen die Jahreszinsen zu zahlen:

   Darlehen A: 400.000 € zu 7,0 % p. a.
   Darlehen B: 200.000 € zu 8,0 % p. a.
   Darlehen C: 100.000 € zu 6,5 % p. a.

   Alle drei Darlehen dienen dem Betriebszweck. Für die Kosten- und Leistungsrechnung wird mit 7 % kalk. Zinsen gerechnet. Das gesamte betriebsnotwendige Kapital setzt sich aus 700.000 € Fremdkapital (= Darlehen) und 200.000 € Eigenkapital zusammen.

12. Wie hoch sind die Kapitalkosten für den Lkw (Rechenbasis: *Übungsaufgabe 9*) pro Tag bei einem Zinskostensatz von 6,5 % und 220 Einsatztagen pro Jahr? In welchem Umfang sind darüber hinaus kalkulatorische Zinsen für das Umlaufvermögen bei einem Tagesumsatz von 800 € und 26 Geldeingangstagen zu kalkulieren?

13. In einer Spedition werden in einem Geschäftsjahr Erlöse von 50 Mio. € erwirtschaftet. Diesem Umsatz stehen Kosten in Höhe von 49,05 Mio. € gegenüber. Der Zahlungseingang erfolgt unter Berücksichtigung von Rechnungsstellung, Rechnungsprüfung, Überweisung und Valutierung frühestens nach 12 Tagen. In manchen Fällen zahlen die Kunden weitere 30 Tage später. Die Spedition hat Finanzierungskosten von 6,5 %.

   a) Ermitteln Sie, wie viel vom Gewinn durch die unterschiedlichen Finanzierungsdauern aufgezehrt werden.
   b) Ermitteln Sie, in welchem Umfang der Gewinn steigen würde, wenn es gelänge, das Zahlungsziel um drei Tage zu verkürzen.

14. In einem kleinen Speditionsbetrieb sollen für die Berechnung des kalkulatorischen Jahresergebnisses die kalk. Zinsen berechnet werden. Ein Zinskostensatz von 6,0 % wird für angemessen gehalten. Als Betriebsmittel dienen ein Sattelzug sowie die Betriebs- und Geschäftsausstattung (BGA) mit folgenden Werten:

	Sattelzug	BGA
Anschaffungswert	105.000 €	6.000 €
Restwert	20.000 €	500 €

Die Bestände an Zahlungsmitteln, Büromaterial, Ersatzteilen, Außenständen und Lieferantenverbindlichkeiten weisen zu den Quartalssenden folgende Werte aus:

Quartal	Zahlungsmittel	Büromaterial	Ersatzteile	Außenstände	Lieferanten-verbindlichkeiten
I	21.000 €	525 €	1.800 €	39.000 €	9.000 €
II	17.500 €	810 €	1.700 €	48.000 €	7.500 €
III	23.500 €	675 €	1.750 €	36.000 €	10.500 €
IV	32.500 €	445 €	1.650 €	39.000 €	10.000 €

Alle Verbindlichkeiten werden unter Ausnutzung von Skonto beglichen. Aus den Verbindlichkeiten ist der Skonto bereits herausgerechnet.

a) Wie hoch ist das im Jahresdurchschnitt gebundene Kapital?
b) Wie hoch sind die Kapitalkosten für dieses Jahr?

15. In den letzten drei Jahren hatte eine Spedition bei einem Gesamt-Nettoumsatz von 12.527.076 € Forderungsausfälle in Höhe von 385.634 €. Im kommenden Jahr wird mit einem Umsatz von 4.250.000 € gerechnet. Kalkulieren Sie die Delkredere-Wagniskosten für das Folgejahr.

16. Eine Spedition hat 60 mautpflichtige LKW im Einsatz, die durchschnittlich 500 km am Tag fahren. An 250 Arbeitstagen werden im Mittel 90 % der Fahrten im Inland und davon 85 % auf Bundesautobahnen durchgeführt. Die Spedition kalkuliert mit einem Mautkostensatz von 18,5 Cent (direkte und indirekte Mautkosten); die Mautkosten werden von den Kunden übernommen.

    Berechnen Sie, bei welchem Prozentsatz an Forderungsausfällen in Bezug auf Mauteinnahmen sich der Gewinn der Spedition (Jahresumsatz von 15 Mio. €, Umsatzrendite von 2 Prozent) halbieren würde?

17. Eine Inventur ergab beim Dieselvorrat folgendes:

Anfangsbestand lt. IT-System am 01.01.	15.800 Liter
Entnahmen lt. Tankentnahmebelegen	13.400 Liter
Zugang lt. Rechnung/Lieferschein	19.500 Liter
Endbestand am 30.06.	20.050 Liter

An Fehlerquellen kommen in Frage:

- Bei der Inventur sind Fehlmessungen bis zu 4 % des Tankinhalts möglich.
- Temperaturschwankungen können diesen Fehler auf 5 % erhöhen.
- Bei einem Fahrzeug ist der durchschnittliche Dieselverbrauch, wie erst jetzt festgestellt wird, um 45 % im letzten halben Jahr von 35 l/100 km auf 50,75 l/100 km bei einer Fahrleistung von 80.000 km gestiegen.
- In Bezug auf die Organisations- und Personalseite kann nicht davon ausgegangen werden, dass keinerlei Diebstähle stattgefunden haben.

Welche Maßnahmen schlagen Sie in einem solchen Fall vor?

Fallstudie II zum Kapitel 2:

Fahrzeugkostenkalkulation I

Sie kalkulieren als Unternehmer die Betriebskosten für ein Wechselbrückenfahrzeug inkl. Lafette[46] für zwei Großraum-Doppelstock-Wechselbrücken. Das Fahrzeug ist im Zweischichtbetrieb eingesetzt. In der Nachtlinie werden 600 km zurückgelegt und in der Tagestour 300 km. Der Mautanteil in der Nacht beträgt 97 % und am Tag 56 %.

a) Ermitteln Sie die Kosten je Einsatztag und je Kilometer, jeweils mit und ohne Maut.

b) Wie hoch sind die Kosten je Arbeitstag (AT), wenn das Fahrzeug aufgrund von Fahrerausfall nicht eingesetzt werden kann?

c) Wie hoch sind die jeweiligen Kostenanteile in % an den Gesamtbetriebskosten (ohne Maut)?
   - Personalkosten inkl. Kommunikationskosten
   - Treib- und Schmierstoffkosten
   - Kapitalkosten

Kalkulationsdaten:

Fahrer:	
- Lohn	2.000 € Bruttolohn
- Lohnnebenkosten des Arbeitgebers	20 %
- Spesen	6 € je AT
- Urlaub	25 Tage p. a.
- Fehlzeiten	8 Tage p. a.
Fahrzeug:	
- Leasingrate LKW	3.200 € je Monat
- Leasingrate Lafette	400 € je Monat
- Verbrauch	33 l Diesel auf 100 km
- Dieselpreis	1,20 € netto
- Schmierstoffzuschlag zu den Treibstoffkosten	1 %
Sonstiges:	
- Kommunikationskosten	30,00 € je Monat (Flatrate)
- Arbeitstage im Jahr	252
- Mautkosten je Autobahn-Kilometer	0,18 €

46 Eine Lafette ist ein Ladungsträger (Chassis) für einen Wechselaufbau.

Fallstudie III zum Kapitel 2:

Fahrzeugkostenkalkulation II

Bitte kalkulieren Sie die nachfolgende Sattelzugmaschine. Berechnen Sie dazu die leeren, stark umrandeten Felder auf der Grundlage der Informationen des Fallbeispiels I (S. 49 ff.)

1	Kalkulator(en)	Barwig / Hartmann		
2	Datei	FZKR-40to.xls		
3	Bezeichnung	Sattelzugmaschine		
4	Polizeiliches Kennzeichen / Wagen-Nr.	MA-DH 13		
5	***TECHNISCHE DATEN***			
6	Hersteller	Mercedes Benz		
7	Typ	MB Actros 8044		
8	Baujahr	2011		
9	Anschaffungsjahr	2011		
10	Aufbau	Sattel		
11	Leistung (KW)	300		
12	Reifengröße	315/70 R 22,5		
13	Zahl der Reifen	6		
14	Zulässiges Gesamtgewicht (to)	40	Zugmaschine+Auflieger	
15	Nutzlast (to)	24		
16	***KALKULATIONSDATEN***			
17	geschätzte Lebensdauer (Jahre)			
18	geschätzte Lebensdauer (km)	1.000.000		
19	geschätzte km-Leistung pro Jahr			
20	Anteil Autobahnkilometer in %	90%		
21	geschätzte km-Leistung pro Einsatztag	800		
22	geschätzte Einsatztage pro Jahr	250		
23	*Lebensdauer der Reifen in km*		*Reifenkostenberechnung:*	
24	Vorderachse: Neureifen	120.000		
25	Hinterachse: Neureifen	140.000		
26	Hinterachse: runderneuerte Reifen	130.000		pro Jahr
27	*Insgesamt verbrauchte Reifen*			
28	Vorderachse: Neureifen			
29	Hinterachse: Neureifen			
30	Hinterachse: Runderneuerte Reifen			
31	Wiederbeschaffungspreis eines Neureifens (in €)	500		
32	WB-Preis eines runderneuerten Reifens (in €)	350		
33	WB-Wert Bereifung inkl. Reserverad (in €)			
34	Kraftstoffverbrauch (l/100km)	33,15		
35	Preis pro l / Eigenbetankung (in €)	1,18		
36	Anteil Eigenbetankung in %	95%		
37	Preis pro l / Fremdbetankung (in €)	1,22		
38	Anteil Fremdbetankung in %	5%	Ø Preis pro l:	
39	Tagesumsatz pro Einsatztag (in €)	950		
40	Geldeingangszeit in Tagen	26		
41	Kalk. Zinssatz pro Jahr	7%		
42	geschätzte Preissteigerung pro Jahr	1,5%		
43	***KAPITALWERTE (in €)***			
44	Anschaffungswert mit Bereifung	99.570,00 €		
45	Anschaffungswert ohne Bereifung			
46	Restwert ohne Bereifung	13.940,00 €		
47	WBW ohne Bereifung			
48	gebundenes Anlagevermögen			
49	gebundenes Umlaufvermögen			
50	betriebsnotwendiges Kapital			
51	***FAHRZEUGKALKULATION (GESAMTERGEBNIS)***			
52	Variable Kosten in €/km			
53	Fixe Kosten in €/Tag			
54	Abschreibungssumme (S)			

55	***KALKULATION***				
56	***VARIABLE KOSTEN***			**€ pro km**	
57	Kalk. Abschreibungen (Abnutzung)	50%			
58	Kraftstoffkosten				
59	Schmierstoffkosten + Add blue als Zuschlag	1,5%			
60	Reifenkosten				
61	Reparaturkosten:				
62	- eigene Werkstatt		2.500,00 €		
63	- fremde Werkstatt		1.000,00 €		
64	Mautkosten (Euro V, 4 Achsen)	0,155 €/km			
65	**Gesamte variable Kosten**				
66	***FIXE KOSTEN***				**€ pro Tag**
67	Brutto-Fahrerlöhne		37.200,00 €		
68	Anzahl der Fahrer	2			
69	Einsatztage	250			
70	Urlaubstage	30			
71	Krankheitstage	8			
72	Produktivtage Stammfahrer				
73	bezahlte Arbeitstage				
74	Personalfaktor				
75	Sozialaufwendungen (in Prozent der Fahrerlöhne)	27%			
76	Spesen (in €/Tag)	6			
77	**Gesamte Personalkosten (PK)**				
78	Kalk. Verzinsung des LKW und des UV				
79	Kalk. Abschreibung (Entwertung)	50%			
80	KFZ-Steuer				
81	KFZ-Haftpflichtversicherung		900,00 €		
82	KFZ-Kaskoversicherung pro Jahr (in €)	7912,80			
83	Ø KFZ-Kaskoversicherung (bei Anteil Jahren)	1,5			
84	Güterschadenshaftpflichtversicherung		360,50 €		
85	Mietkosten Sattelauflieger		7.800,00 €		
86	Kommunikationskosten		492,00 €		
87	Sonstige Betriebskosten		300,00 €		
88	**Zwischensumme I: fixe Kosten ohne PK**				
89	**Zwischensumme II: fixe Kosten mit PK**				
90	**Einsatzkosten vor Gemeinkosten**				
91	Kalk. Wagniskosten (als Anteil der Einsatzkosten)	3%			
92	Allg. Verwaltungskosten (als Anteil der Einsatzkosten)	2%			
93	**Gesamte fixe Kosten + Gemeinkosten**				
94	**Gesamtkosten (fix und variabel)**				

3 Kostenstellenrechnung

3.1 Aufgaben und Stellung der Kostenstellenrechnung

Die Kostenstellenrechnung ist die zweite Stufe der Kostenrechnung. Sie zeichnet auf, welche Kosten für die einzelnen Bereiche eines Unternehmens innerhalb einer Abrechnungsperiode anfallen. Sie übernimmt die Kosten aus der Kostenartenrechnung, welche den Kostenträgern (Produkte, Leistungen) nicht unmittelbar zugerechnet werden, die sogenannten **primären Gemeinkosten**, und bereitet diese für ihre Weiterverrechnung in der Kostenträgerrechnung (Auftragskalkulation) auf. So steht die Kostenstellenrechnung als Zwischenglied hinter der Kostenartenrechnung und vor der Kostenträgerrechnung.

Kostenstellen sind voneinander abgegrenzte Teilbereiche eines Unternehmens (funktional, räumlich, ggf. auch nach Kostenträgergesichtspunkte) deren Kosten und Erlöse erfasst und ausgewiesen, evtl. auch geplant und kontrolliert werden. Die Aufteilung kann bis hin zu einzelnen Arbeitsplätzen erfolgen, sog. **Kostenplätzen** (siehe *Abb. 3.1)*. Sämtliche Kostenstellen werden regelmäßig zueinander in eine hierarchische Ordnung gebracht.

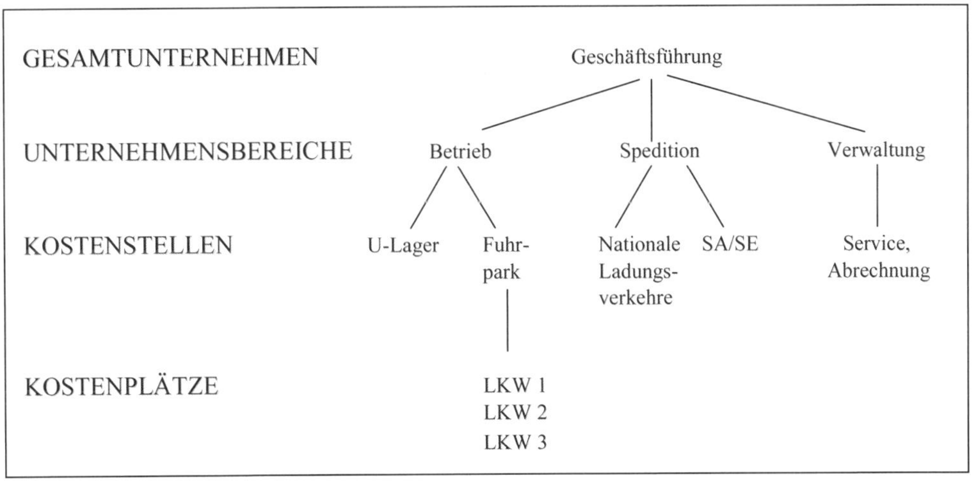

Abb. 3.1: Kostenstellenhierarchie einer Spedition

Auf der obersten Ebene der Kostenstellenhierarchie ist das Gesamtunternehmen ausgewiesen. In der Regel ist dies ein mehrere Kostenstellen umfassender Bereich, der Leistungen für das gesamte Unternehmen erbringt, wie bspw. die Niederlassungs- oder Geschäftsleitung und die dazugehörigen Sekretariate, aber auch der Pförtner. Top down können dann die großen speditionellen Unternehmensbereiche Betrieb, Spedition und Verwaltung folgen, denen die jeweiligen Kostenstellen zugeordnet sind.

Auf der Stufe der Kostenstellen kann man zwischen **Vor-** und **Endkostenstellen** unterscheiden. Endkostenstellen verkaufen ihre Leistungen direkt am Markt. Vorkostenstellen geben ihre Leistungen an andere Kostenstellen ab und belasten diese dafür mit Kosten. So gesehen sind sie lediglich Zwischenglieder der Weiterverrechnung von Kosten innerhalb der Kostenstellenrechnung.

Vorkostenstellen dienen als **Hilfskostenstellen** den Endkostenstellen (**Hauptkostenstellen**). Die **allgemeinen Hilfskostenstellen** erbringen Leistungen für sämtliche oder doch zumindest für mehrere Unternehmensbereiche. Daneben gibt es aber auch Hilfskostenstellen, die nur für einen oder wenige Unternehmensbereiche Leistungen erbringen (**bereichsbezogene Hilfskostenstellen**).

Endkostenstellen können auch als „Kosten-Erlös-Stellen" bezeichnet werden, da sie sowohl Kosten verursachen, als auch Erlöse verbuchen. Darüber hinaus können auch bereichsbezogene Hilfskostenstellen gleichzeitig Vorkosten- und Endkostenstelle sein. Beispiele sind Werkstätten, die auch Fremdfahrzeuge reparieren oder eine Waschanlage, die auch von Fahrzeugen der Unternehmer (Frachtführer) genutzt wird. Die folgende *Abb. 3.2* zeigt die verschiedenen Kostenstellentypen und gibt Beispiele für jeweils zugehörige Kostenstellen.

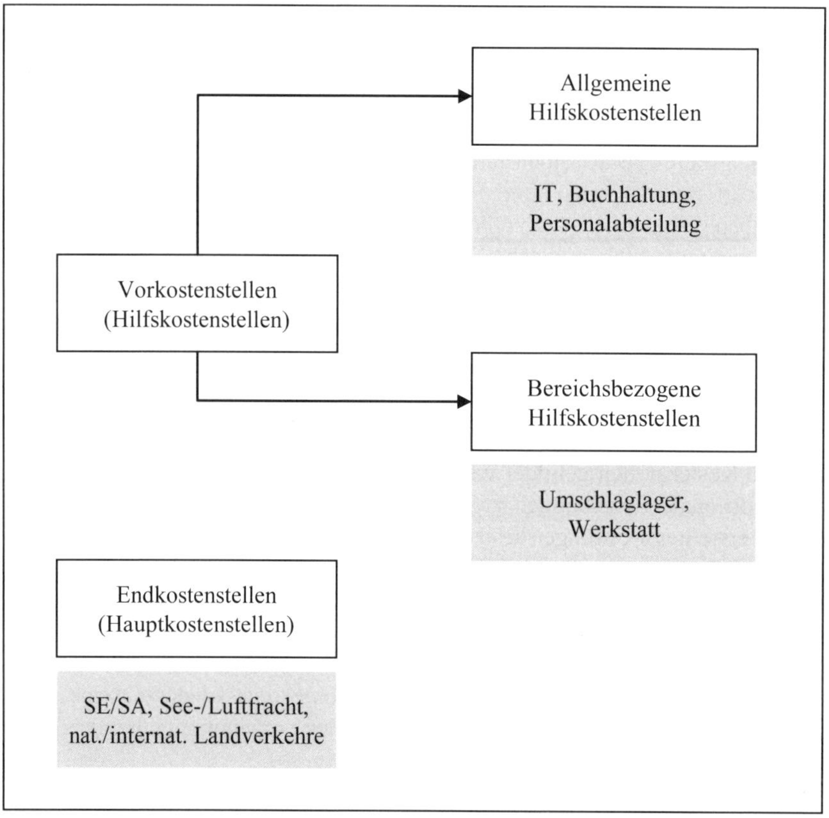

Abb. 3.2: Kostenstellentypen

Innerbetriebliche Leistungen werden allerdings nicht ausschließlich von Hilfskostenstellen hervorgebracht. Ausnahmsweise erstellen auch Endkostenstellen zusätzlich zu den für externe Abnehmer bestimmten Leistungen – gewissermaßen „nebenbei" – für andere Haupt- und/oder Hilfskostenstellen innerbetriebliche Leistungen. Dies ist etwa dann der Fall, wenn in einer Spedition der Sammelguteingang für den Sammelgutausgang Leistungen erbringt oder die Ladungsverkehrsabteilung für Sammelgutabteilungen. Sehr wesentlich ist in der Spedition auch die „innerbetriebliche" Leistungsverrechnung zwischen verschiedenen Niederlassungen des gleichen Konzerns (**Rückrechnung**).

3.2 Möglichkeiten und Grundsätze der Bildung von Kostenstellen

Die Bildung von Kostenstellen kann sich an verschiedenen Kriterien orientieren. Am häufigsten differenzieren Unternehmen bei der Bildung von Kostenstellen nach Funktionsbereichen. So unterscheiden sie dann:

- Betriebskostenstellen (z. B. Umschlaglager, Fuhrpark, Werkstatt)
- Speditionskostenstellen (z. B. Nationale Landverkehre, Sammelgutverkehre, Luftfrachtverkehre).
- Verwaltungskostenstellen (z. B. Personalabteilung, Buchhaltung, IT)

Einzelne Verantwortungsbereiche als eigenständige Kostenstellen abzugrenzen ist dann besonders empfehlenswert, wenn Kosten- und Wirtschaftlichkeitskontrollen einen besonders hohen Stellenwert haben. Denn eine solche Gliederung ermöglicht es, die Kostenstellenleiter für den Kostenanfall verantwortlich zu machen. Jedoch setzt dies voraus, dass im Organisationsplan die Kompetenzen eindeutig abgegrenzt sind. Ist dies der Fall, lässt sich die Wirtschaftlichkeit einzelner Kostenstellen(bereiche) durch die Überwachung der anfallenden Kosten laufend kontrollieren. Mit den „Kostenverantwortlichen" können Kostenabweichungen erörtert und daraus die für die Zukunft notwendigen Konsequenzen gezogen werden.

Beim Einrichten von Kostenstellen sind daher folgende Grundsätze zu beachten:

a) Es sollten solche Kostenstellen gebildet werden, für die jeweils möglichst weitreichend eindeutige, proportionale Beziehungen zwischen den anfallenden Kosten und den von der Kostenstelle erstellten Leistungen feststellbar sind. Dies ist eine wichtige Voraussetzung für die Ermittlung aussagefähiger kostenstellenbezogener Verrechnungssätze, die von der Kostenträgerrechnung zur Kalkulation der Aufträge benötigt werden.
b) Um wirksame Wirtschaftlichkeitskontrollen durchführen zu können, sollte eine Übereinstimmung von Kostenstelle und Verantwortungsbereich angestrebt werden.
c) Die Kostenstellen sollten klar voneinander abgegrenzt sein, so dass jederzeit eine zweifelsfreie Zuordnung aller Kosten auf einzelne Kostenstellen vorgenommen werden kann. Die Kostenstellengliederung muss eindeutig sein.
d) Beim Aufteilen in einzelne Kostenstellen sollte man prinzipiell nur so weit differenzieren, wie dies wirtschaftlich gerechtfertigt erscheint und die Übersichtlichkeit nicht gefährdet wird.

3.3 Kostenstellenpläne

Ein Kostenstellenplan ist eine unternehmensspezifische, systematische Zusammenstellung sämtlicher Kostenstellen und Kostenstellenbereiche. Kostenstellenpläne sind immer sehr präzise auf die betrieblichen Verhältnisse auszurichten.

Die folgende *Tab. 3.1* zeigt ein einfaches Beispiel eines Kostenstellenplanes. Die darin zum Ausdruck kommende Unterscheidung zwischen allgemeinen Hilfskostenstellen, bereichsbezogenen Hilfskostenstellen und Endkostenstellen ist in der Praxis deshalb besonders weit verbreitet, weil auch die von vielen Unternehmen angewandten Kalkulationsverfahren üblicherweise auf diese, zumindest aber auf eine ähnliche Einteilung abstellen. Die Kostenstellenpläne in der Praxis sind meist (wesentlich) tiefer gegliedert als im Beispiel.

Im Beispielfall umfassen die allgemeinen Hilfskostenstellen einerseits jene Bereiche, die für sämtliche Teile des Unternehmens Leistungen erbringen, wie z. B. die Telefonzentrale oder die Kantine, aber auch den Bereich Immobilien. Es sind dies Hilfskostenstellen, die als Vorkostenstellen ihre Kosten an alle anderen Kostenstellen weiter verrechnen. Die hier ferner zugehörige Gruppe der Verwaltungskostenstellen umfasst jene Kostenstellen, die allgemeine Aufgaben der Betriebs- und Geschäftsleitung erfüllen, wie beispielsweise die Stabsabteilungen der Unternehmensführung, das Finanz- und Rechnungswesen, die Personalabteilung und ähnliche Instanzen, sofern diese im Kostenstellenplan als eigenständige Kostenstellen vorgesehen sind. Solche Verwaltungsbereiche sind – wie an anderen Stellen schon ausgeführt – zur Unterstützung der meisten anderen Kostenstellen und Kostenstellengruppen eingerichtet. Die Unternehmen behandeln sie ebenfalls als Vorkostenstellen.

Die Betriebskostenstellen (= Bereichsbezogene Hilfskostenstellen) erbringen ihre Leistungen entweder nur für die Speditionsabteilungen oder ggf. auch direkt für die Kunden. Die Betriebskostenstellen können entsprechend sowohl Vorkostenstelle, als auch bei Vorliegen entsprechender Rahmenbedingungen Endkostenstelle sein. Werden sie als Endkostenstelle betrachtet, so lasten sie ihre Kosten unmittelbar den Kostenträgern (Aufträgen) an. Die Praxis zieht hierfür heute manchmal Zuschlags-, zumeist aber Verrechnungssätze heran.[47]

Die Speditionskostenstellen (= Endkostenstellen) erbringen, soweit Selbsteintritt vorliegt, unter Einsatz der Betriebsabteilungen die Leistungen für die Kunden oder makeln (vermitteln), soweit das reine Speditionsgeschäft im Vordergrund steht. Die Speditionskostenstellen rechnen ihre Kosten ebenfalls den einzelnen Kostenträgern zu.

---

[47] Die Zuschlags- und Verrechnungssatzkalkulation werden in *Kap. 4.2.3* und *Kap. 4.2.4* vertieft.

Tab. 3.1: Kostenstellenplan einer Spedition

Allgemeine Hilfskostenstellen	▪ Immobilien	Grundstücke, Gebäude Heizung Reinigung
	▪ Fernsprechzentrale	Telefonzentrale
	▪ Sozialdienste	Kantine Betriebsarzt
	▪ Verwaltung und Geschäftsführung	Geschäftsführung Personalabteilung Buchhaltung IT-Abteilung Controlling Verkauf Service
Bereichsbezogene Hilfskostenstellen	▪ Reparaturdienste	Werkstatt Tankstelle Waschanlage
	▪ Lager	Umschlaglager Kühllager
	▪ Fuhrpark	Fernverkehr Wechselbrücken Paletten
Endkostenstellen	▪ Logistik	Distributionslager Großkunde(n)
	▪ Spedition	Sammelguteingang Sammelgutausgang Nationale Ladungsverkehre Import/Export Europa Binnenschifffahrt Seeverkehr Luftverkehr

3.4 Tabellarische Kostenstellenrechnung mit Hilfe des Betriebsabrechnungsbogens (BAB)

Das Darstellungsmittel der Kostenstellenrechnung ist der als **BAB** bezeichnete Betriebsabrechnungsbogen. Der BAB ist ein Kostensammelbogen, der in seinen Zeilen die erfassten Erlöse bzw. Kostenarten und in seinen Spalten die im Kostenstellenplan festgehaltenen Kostenstellen auflistet. Dabei werden die Kostenstellen oft mit den Allgemeinen Hilfskostenstellen beginnend, gefolgt von den bereichsbezogenen Hilfskostenstellen und den Endkostenstellen angeordnet. So erreicht man eine innerbetriebliche Leistungsverrechnung von links nach rechts.

Die Zeilen des gängigen Speditions-Betriebsabrechnungsbogens beginnen nach der Kopfzeile mit den Speditionserlösen, von denen die auftragsbezogenen Speditionskosten (Einzelkosten) abgezogen werden (siehe *Tab. 3.2*). Diese Vorgehensweise weicht damit von der üblichen BAB-Kostenzuordnung ab. Durch die Integration von kostenstellenbezogenen Erlösen und die Ergänzung der auftragsgebundenen Einzelkosten in den BAB werden die „traditionellen“ Funktionen dieses Instruments ergänzt um die jetzt mögliche Deckungsbeitragsanalyse. Als erstes Zwischenergebnis ergibt sich der **Bruttonutzen** (auch Bruttospeditionserlös, Rohertrag oder DB 0 genannt), eine sehr wichtige Kenngröße in der Spedition.

Bei der folgenden Gemeinkostenverteilung auf die einzelnen Kostenstellen ist zu differenzieren zwischen **Kostenstelleneinzelkosten** und **Kostenstellengemeinkosten**. Ein gutes Beispiel für solche, einzelnen Kostenstellen direkt zurechenbaren Kostenstelleneinzelkosten sind Löhne und Gehälter für das „Stammpersonal“, das ständig in ein und derselben Kostenstelle tätig ist, das also innerhalb einer Abrechnungsperiode weder von einer Kostenstelle zu einer anderen wechselt, noch gleichzeitig für mehrere Kostenstellen eingesetzt wird.[48] Prinzipiell sollten Kosten soweit wie möglich als Kostenstelleneinzelkosten erfasst werden. Ist dies nicht (mehr) möglich, dann gilt es für die übrigen Kostenstellengemeinkosten zweckmäßige Verteilungsschlüssel zu suchen. Beispiel sind etwa Mietkosten für Büroräume, die den einzelnen Kostenstellen nach einem Flächenschlüssel (m^2) zugerechnet werden.

Nach Ermittlung der summierten primären Gemeinkosten in allen Kostenstellen (Gesamtkosten) schließt sich die **innerbetriebliche Leistungsverrechnung** (ILV) an *(siehe Kap. 3.5)*. Sie belastet die Kostenstellen mit den Kosten für die von anderen Kostenstellen erhaltenen Leistungen. Damit wird versucht, die Kosten den einzelnen Stellen verursachungsgemäß zuzurechnen. In den empfangenden Kostenstellen werden diese verrechneten Gemeinkosten als **sekundäre Gemeinkosten** bezeichnet.

Erst jetzt ist es möglich, das **Betriebsergebnis** (Deckungsbeitrag I) als Saldo von Bruttonutzen und Gesamtkosten der Hauptkostenstellen nach innerbetrieblicher Leistungsverrechnung zu bestimmen.

In weiteren Stufen werden nun noch die Kosten der Geschäftsführung der Niederlassung und die Kosten der Zentrale abgezogen und ergeben den Deckungsbeitrag II bzw. den Deckungsbeitrag III. Der DB III ist zugleich im Beispiel der kalkulatorische Gewinn bzw. Verlust, da jetzt alle Kosten von den Erlösen abgezogen wurden (Vollkostenrechnung). In der Praxis sind auch noch weitergehende Deckungsbeitragsermittlungen im Einsatz. Je nach Differenzierungsgrad kann es auch bis zum DB V oder sogar DB VII gehen. Dazu werden beispielsweise vom Betriebsergebnis unterschiedliche Kostenkomponenten der Leistungserstellung (Vorlauf- und Regiekosten, Hauptlaufkosten, Rückrechnungskosten) abgezogen.

Als letztes werden die aktuellen Ergebnisse mit Planzahlen (Budgetierung) und/oder Vergangenheitswerten (Vormonatsergebnisse, Vorjahresmonatsergebnisse) verglichen, um damit die Entwicklung in den Kostenstellen beurteilen zu können.

---

[48] Trotz der möglichen begrifflichen Irritation sind Kostenstelleneinzelkosten weiterhin Gemeinkosten!

Tab. 3.2: Schema eines Vollkosten-Betriebsabrechnungsbogens

Kostenstellen / **Kostenarten**	**Gesamt**	**Allgemeine Hilfskostenstellen**				**Bereichsbezogene Hilfskostenstellen**				**Endkostenstellen**			
Speditionserlöse - Speditionskosten													
= **Bruttonutzen (DB 0)**													
- Primäre Stellenkosten ▪ Kostenstelleneinzelkosten ▪ Kostenstellengemeinkosten													
= Gesamtkosten vor ILV Innerbetriebliche Leistungsverrechnung = Gesamtkosten nach ILV													
= Betriebsergebnis (DB I) - Umlage GF/NLL													
= DB II - Umlage Zentrale													
= DB III (kalkulatorischer Gewinn/Verlust)													
Vergleichswerte/Abweichungen													

3.5 Verrechnung innerbetrieblicher Leistungen

Allgemeine Hilfskostenstellen erbringen für (fast) alle anderen Kostenstellen, bereichsbezogene Hilfskostenstellen für die Kostenstellen ihres Unternehmensbereiches, Endkostenstellen auch für andere Endkostenstellen innerbetrieblich Leistungen. Diese vielfältigen Leistungsbeziehungen zwischen den Kostenstellen erfordern eine innerbetriebliche Leistungsverrechnung, um jeder Kostenstelle für innerbetriebliche Leistungen interne Erlöse gutzuschreiben und/oder sie mit internen Kosten zu belasten.

Zur Berücksichtigung des Leistungsaustausches zwischen den Kostenstellen stehen verschiedene Verfahren zur Verfügung.[49] Anwendung kann das sog. **Stufenleiterverfahren** finden, bei dem die Hilfskostenstellen entsprechend des Umfangs ihrer Leistungsbeziehungen zu anderen Kostenstellen von links nach rechts im BAB angeordnet werden. D. h. man beginnt in der Darstellung mit denjenigen Hilfskostenstellen, die von möglichst wenig anderen Kostenstellen Leistungen empfangen, in der Regel aber gleichzeitig vielen Kostenstellen als Leistungsempfänger dienen (z. B. die IT-Abteilung). Diese Kostenstellen verrechnen ihre Kosten an sämtliche im BAB rechts von Ihnen liegenden Kostenstellen, vernachlässigen aber den möglichen Leistungsempfang aus diesen Kostenstellen. Anders gesagt, Leistungen bzw. Kosten werden nur in eine Richtung verrechnet. Die zweite Hilfskostenstelle verrechnet wiederum die eigenen Kosten auf der Basis der abgegebenen Leistungen „nach rechts", unter Berücksichtigung der von der ersten, schon abgerechneten Hilfskostenstelle eingegangenen Kostenbelastung. Damit ist die Güte dieses Verfahrens abhängig von den vorhandenen Leis-

[49] Vgl. hierzu ausführlich *Haberstock*, 2008, S. 125 ff.

tungsverflechtungen, exakte Ergebnisse wird es normalerweise nicht liefern. Diese ermöglicht aber der Einsatz des **Simultanverfahrens** auf der Basis moderner, computergestützter Abrechnungssysteme. Bei diesem Verfahren werden die gegenseitigen Leistungsverflechtungen vollständig berücksichtigt, so dass korrekte Verrechnungssätze Grundlage für die Weiterbelastung der Kosten sind.

Erster Schritt bei der innerbetrieblichen Leistungsverrechnung ist, den mengenmäßigen Verbrauch festzustellen. Danach ist zu entscheiden, ob die Menge mit den entstandenen Kosten pro Mengeneinheit, zu Marktpreisen oder ggf. sogar zu Steuerungspreisen (Lenkungspreisen) bewertet wird. Zu **Marktpreisen** sollte in den Betriebskostenstellen und anderen Vorkostenstellen bewertet werden, für die eine laufende Kontrolle von Selbsteintritt und Fremdvergabe wichtig ist. Erzielt die Kostenstelle „Fuhrpark" bei innerbetrieblicher Leistungsverrechnung zu Marktpreisen langfristig einen Verlust, so ist genau zu prüfen, ob die Fremdvergabe der Transporte und die Verkleinerung des eigenen Fuhrparks diesen Verlust verringern oder vermeiden können.

Zu entstandenen **Kosten** wird vor allem bewertet, wenn die Fremdvergabe nicht in Frage kommt, z. B. bei der Geschäftsleitung oder der Personalabteilung. Die Kosten der Geschäftsleitung werden in der Praxis, weil die geleistete „Menge" kaum feststellbar ist, von der Geschäftsleitung prozentual (z. B. auf Basis der jeweils angefallenen Personalkosten) auf die Kostenstellen verteilt oder nach dem Bruttonutzen, unter Berücksichtigung der Kostentragfähigkeit (siehe *Kap. 1.5)*. Es handelt sich daher in diesen Fällen um eine **Umlage**.

Zu **Lenkungspreisen** können die Mengen bewertet werden, um überlastete Bereiche zu entlasten. So können in einem im Übermaß beanspruchten Umschlaglager die (Verrechnungs-)Kosten per 100 kg hoch gesetzt werden, damit mehr direkt abgefertigt und gefahren wird und so dort Fehler und überhöhte Kosten durch Überlastung vermieden werden.

3.6 Ermittlung von Verrechnungs- und Zuschlagssätzen

Nach der innerbetrieblichen Leistungsverrechnung ist jede (Haupt)kostenstelle mit ihren primären und sekundären Gemeinkosten belastet. Davon ausgehend ermittelt die Kostenstellenrechnung jene Verrechnungs- und/oder Zuschlagssätze, die man für den Verkauf bzw. die Kostenkalkulation kennen muss. Sie sind wichtige Ergebnisse der Kostenstellenrechnung für die folgende Kostenträgerrechnung.

Die Berechnung erfolgt nach der Formel:

$$\text{Kalkulationssatz} = \frac{\text{Kostenstellenkosten einer Stelle}}{\text{Wert- oder Mengengröße}}$$

Steht unter dem Bruchstrich eine Wertgröße, bestimmt sich daraus ein prozentualer **Zuschlagssatz**, steht dagegen eine Mengengröße darunter, so berechnet man einen **Verrechnungssatz** in Euro.

Jedoch können Zuschlags- und Verrechnungssätze auch für die innerbetriebliche Leistungsverrechnung genutzt werden. Der folgende Kostenstellenbericht Umschlaglager (*Tab. 3.3*) zeigt entsprechende Beispiele. Bei den Umlagen handelt es sich um prozentuale Zuschlagssätze auf der Basis von zentralen Vorgaben. In jedem laufenden Monat muss dieser Aufschlag auf die summierten Kostenstelleneinzel- und -gemeinkosten kalkuliert werden, um die

Gesamtkosten der Kostenstelle zu ermitteln. Bezugsbasis (Wertgröße) für die Umlage der IT-Kosten und der allgemeinen Verwaltungskosten sind die summierten Stellenkosten, Bezugsbasis für die Umlage der Personalbuchführungskosten und der Kosten der Unternehmenszentrale sind die Personalkosten des Umschlaglagers.

Tab. 3.3: Kostenstellenbericht Umschlaglager

Kostenarten	**Kosten pro Monat (in €)**	**in Prozent**
Personalkosten	101.790 €	75,12%
Verbrauch	5.849 €	4,32%
Reparaturen	2.846 €	2,10%
Steuern/Versicherungen	1.146 €	0,85%
Mieten (Mobilien)	604 €	0,45%
Kommunikation	27 €	0,02%
Drucksachen	374 €	0,28%
sonstige Kosten	238 €	0,18%
kalk. Abschreibung	8.238 €	6,08%
Gebäudemiete	12.731 €	9,40%
kalk. Zinsen	1.660 €	1,23%
Summe Stellenkosten	**135.503 €**	**100,00%**
Umlage IT	840 €	0,62%
Umlage Personalbuchführung	1.700 €	1,67%
Umlage allgemeine Verwaltung	488 €	0,36%
Umlagen Zentrale	7.940 €	7,80%
Summe Umlagen	10.968 €	
Summe Gesamte Kosten	**146.471 €**	

Ergänzende Angaben im Kostenstellenbericht sind:

Mitarbeiteranzahl:	35,2
Hallenfläche in m^2:	4.000
Umgeschlagenes Gewicht (in to):	9.900
Produktive Arbeitszeit (in Stunden):	3.975
Anzahl der gescannten Sendungen:	55.653

Der Verrechnungssatz für den Umschlag ergibt sich aus den Gesamtkosten pro Monat von 146.471 € bezogen auf die Gewichtssumme von 9.900 to an umgeschlagenen Sendungen, also mit 1,48 € per 100 kg, ein Wert, mit dem Umschlagleistungen für die Endkostenstellen, z. B. „Sammelguteingang“ und „Sammelgutausgang“, kostenmäßig belastet werden.

Die aus der Industriekostenrechnung bekannte Bildung von Zuschlagssätzen in der Form

$$\text{Zuschlagssatz} = \frac{\text{Gemeinkosten}}{\text{Einzelkosten}} \times 100$$

als Basis für die Kostenträgerrechnung ist in der speditionellen Kostenrechnung aufgrund der relativ geringen Höhe der Einzelkosten und der in der Regel nicht vorhandenen Abhängigkeit zwischen den betrieblichen Gemeinkosten und den Einzelkosten eines Auftrags unüblich.[50]

3.7 Vollkosten- und teilkostenorientierte Betriebsabrechnungsbogen

In der **Vollkostenrechnung** werden von den Erlösen alle Kosten abgezogen, so dass sich als Saldo ein kalkulatorischer Gewinn bzw. Verlust ergibt. Bei der **Teilkostenrechnung** werden nur Teile der Kosten, nämlich die Einzelkosten und gut schlüsselbaren Gemeinkosten, von den Erlösen abgezogen und es bleibt ein Deckungsbeitrag übrig, der die nur mit erheblichen Fehlern schlüsselbaren Gemeinkosten decken sollte.

In Speditions-Betriebsabrechnungsbogen ist es allerdings üblich mit Vollkosten zu rechnen. Jede Kostenstelle wird mit sämtlichen Kosten belastet. Dies ermöglicht aus dem BAB die Berechnung von Zuschlags- und Verrechnungssätzen, die für die Preiskalkulation benötigt werden. Außerdem kann für jede Kostenstelle ermittelt werden, ob sie einen kalkulatorischen Gewinn oder Verlust erzielt hat. Die Vollkostenrechnung bringt aber ein Problem mit sich: Vor allem die Kosten der Zentrale, der Geschäftsführung (von Niederlassungen) und der Abteilungsleitungen können nicht nach sinnvollen Schlüsseln verteilt werden. Jede Schlüsselung dieser Kosten verzerrt die Kostenstellenergebnisse und führt zu einer falschen Beurteilung der Kostenstellen (vgl. dazu auch die Ergebnisse des Fallbeispiels II in *Kap. 3.9*).

Deshalb werden gelegentlich (ergänzend) Teilkosten-BAB´s erstellt. Man rechnet dazu vom Bruttonutzen (DB 0) der Kostenstellen nur die Stelleneinzelkosten und die sinnvoll zu schlüsselnden Gemeinkosten ab. In den Kostenstellen auf niedrigster Hierarchie-Ebene werden die sich ergebenden Deckungsbeiträge (DB I) an die Abteilungsleitungs-Ebene zur Deckung der Abteilungsleitungskosten weitergegeben (DB II), von dort an die Bereichsleitungen (DB III), weiter an die Geschäftsführung einer Niederlassung (DB IV) und endlich an die Zentrale (DB V = kalk. Gewinn/Verlust). Damit werden viele Kostenzurechnungsprobleme vermieden und die Abteilungen, Bereiche und Niederlassungen können korrekt – vor allem im Vergleich mit Vergangenheitswerten – bewertet werden (vgl. hierzu das Fallbeispiel III in *Kap. 3.10*).

Zwar ist aus Unternehmenssicht mit der Erstellung eines Teilkosten-BAB eine Reihe von Vorteilen verbunden, zur Preiskalkulation sind dann allerdings zusätzliche Rechnungen erforderlich.

3.8 Nutzung der Ergebnisse des BAB für die Unternehmens- und Abteilungsführung

Auch die Buchhaltung erstellt unterjährig eine kurzfristige Ergebnisrechnung. Sie ist jedoch zu pauschal, zu selten und zu spät. BAB's dagegen werden monatlich erstellt, liegen im ersten Drittel des Folgemonats für den Vormonat vor und zeigen die Ergebnisse für jede Kos-

[50] Vgl. *Kempf/Tschischka*, 2012, S. 38.

tenstelle auf. Sie dienen der laufenden Ergebniskontrolle der Abteilungen und geben Antwort auf die Frage, wo die Gewinn- und Verlust-Quellen im Unternehmen liegen.

Der Vergleich mit Vergangenheitswerten (Vormonat, Vorjahresmonat, kumulierte Werte des Vorjahres), geplanten Werten (Budgetierung) und mit entsprechenden Abteilungen in anderen Niederlassungen (Benchmarking) verfeinert diese laufende Kontrolle und fundiert neue Entscheidungen. Eine Vertiefung der Kontrolle kann noch erreicht werden durch Kennzahlen, z. B. für Auslastung und Produktivität, um das Bild zu komplettieren (siehe dazu vertiefend auch *Kap. 5.1*).

BAB's sind auch wesentlich für die Motivation der Kostenstellenleiter, schon allein dadurch, dass sie regelmäßig, häufig, zeitgerecht und detailliert ihre Zahlen erhalten. Werden innerbetriebliche Leistungen zu Marktpreisen verrechnet, ist zudem eine laufende Kontrolle der Entscheidungen über Selbsteintritt oder Fremdvergabe möglich (vgl. hierzu die Ergebnisse des Teilkosten-BAB in *Kap. 3.10*). Schließlich können aus Vollkosten-BAB's die für die Preiskalkulation wichtigen Zuschlags- und Verrechnungssätze bestimmt werden.

Letzte Kontrollmöglichkeit ist der monatliche Vergleich der GuV-Ergebnisse mit dem BAB unter Berücksichtigung einer Plausibilitätsprüfung der vorgenommenen Abgrenzungen.

3.9 Fallbeispiel II: Erstellung eines Vollkosten-BAB

Beispielhaft wird die Gestaltung eines einfachen Betriebsabrechnungsbogens mit wenigen Kostenstellen erläutert: Verwaltung, Geschäftsführung, Umschlagslager, Sammelguteingang (SE) und Sammelgutausgang (SA).

Die zusammengefassten Konten des Speditionsbetriebes weisen am Ende des Rechnungsmonats folgende Salden aus:

	SOLL	HABEN
Speditionserlöse SE		32.500 €
Speditionserlöse SA		75.000 €
Speditionskosten SE	10.000 €	
Speditionskosten SA	39.700 €	
Personalkosten	43.200 €	
Materialkosten	1.000 €	
Raumkosten	3.700 €	
Energiekosten	370 €	
Kommunikationskosten	1.875 €	
Bewirtung	600 €	
Reparaturen	1500 €	
Kalk. Abschreibung	4.150 €	

Zu berücksichtigen sind weiterhin folgende Randbedingungen für ggf. vorzunehmende Abgrenzungen:

a) In den Bewirtungskosten ist eine den Vormonat betreffende Rechnung von 250 € inbegriffen.
b) In den Raumkosten sind kalkulatorische Kosten für die Nutzung eines Raumes im Privathaus des geschäftsführenden Gesellschafters in Höhe von 200 € nicht einbezogen.
c) Im Sammelgutausgang wird noch die Rückrechnung eines portugiesischen Korrespondenzspediteurs für die Weiterleitung einer Export-Sendung innerhalb von Portugal erwartet. Man rechnet mit einem Rückrechnungsbetrag von 300 €.

Bei den *Personalkosten* entfallen lt. Lohn- und Gehaltsliste auf:

Verwaltung + Geschäftsführung	11.000 €
Umschlaglager	9.200 €
Sammelguteingang	6.000 €
Sammelgutausgang	17.000 €

Laut Entnahmescheinen wurde *Material* folgendermaßen verbraucht:

Verwaltung + Geschäftsführung	350 €
Umschlaglager	50 €
Sammelguteingang	6.000 €
Sammelgutausgang	17.000 €

Als Verteilungsschlüssel für die *Raumkosten* wird die genutzte Bürofläche verwendet.

Verwaltung + Geschäftsführung	60 m^2	
Umschlaglager: Büro	20 m^2	
Umschlaglager: Lager	680 m^2	(mit halber Gewichtung)[51]
Sammelguteingang	40 m^2	
Sammelgutausgang	60 m^2	

Energiekosten werden wie Raumkosten geschlüsselt. Das Umschlaglager (Lageranteil) wird außerhalb der Schlüsselung mit 240 € belastet.[52]

Kommunikationskosten werden nach verbrauchten Einheiten geschlüsselt:

Verwaltung + Geschäftsführung	6.800 Einheiten
Umschlaglager	200 Einheiten
Sammelguteingang	14.000 Einheiten
Sammelgutausgang	9.000 Einheiten

Bewirtungskosten entstehen nur für Verwaltung und Geschäftsführung.

---

51 Hintergrund sind günstigere Mieten für Lagerflächen.

52 Grund dafür kein ein Nebenzähler, bspw. für ein Kühlaggregat sein.

Reparaturkosten laut Eingangsrechnung der Reparaturbetriebe:

Verwaltung + Geschäftsführung	350 €
Umschlaglager	900 €
Sammelguteingang	100 €
Sammelgutausgang	150 €

Kalkulatorische Abschreibungen laut Aufzeichnungen:

Verwaltung + Geschäftsführung	1.600 €
Umschlaglager	1.400 €
Sammelguteingang	350 €
Sammelgutausgang	800 €

Das *Umschlaglager* ist ausschließlich für Sammelgutein- und -ausgang tätig. Die umgeschlagenen Mengen teilen sich folgendermaßen auf:

Sammelguteingang	65 %
Sammelgutausgang	35 %

Verwaltungs- und Geschäftsführungskosten werden nach dem Bruttonutzen umgelegt.

Vergleichszahlen (Gewinn/Verlust)

	SE	SA
Geplantes Budget:	3.900 €	- 2.650 €
Vorjahresmonat:	4.017 €	- 2.550 €
Vormonat:	3.620 €	- 2.910 €

Anmerkungen zum BAB:

Personalkosten, Materialkosten, Reparaturkosten, Bewirtungskosten und kalk. Abschreibungen können als Kostenstelleneinzelkosten direkt den Kostenstellen zugeordnet werden. Bei Raumkosten, Energiekosten und Kommunikationskosten (Kostenstellengemeinkosten) findet die Aufteilung mittels der Schlüssel Quadratmeter bzw. Telefoneinheiten statt.

Die Kosten des Umschlaglagers werden hier nicht auf der Basis eines Verrechnungssatzes (siehe *Kap. 3.6*), sondern mittels einer Umlage verteilt.

Der Zuschlag der Verwaltungs-/Geschäftsführungskosten auf Basis des Bruttonutzens verletzt das Verursachungsprinzip und kann demotivierend wirken. Abhilfe kann hier eine ergänzende Teilkosten-BAB-Betrachtung schaffen.

Tab. 3.4: Ergebnis des einfachen Vollkosten-BAB's

Kostenstellen / Kostenarten	Saldo Buchhaltung	Abgrenzung	Gesamt	Verwaltung/ GF	U-Lager	SE	SA
Speditionserlöse	107.500 €		107.500 €			32.500 €	75.000 €
Speditionskosten	49.700 €	300 €	50.000 €			10.000 €	40.000 €
Bruttonutzen	57.800 €		57.500 €			22.500 €	35.000 €
Personalkosten	43.200 €		43.200 €	11.000 €	9.200 €	6.000 €	17.000 €
Materialkosten	1.000 €		1.000 €	350 €	50 €	200 €	400 €
Reparaturkosten	1.500 €		1.500 €	350 €	900 €	100 €	150 €
Bewirtungskosten	600 €	-250 €	350 €	350 €			
Kalk. Abschreibungen	4.150 €		4.150 €	1.600 €	1.400 €	350 €	800 €
Raumkosten	3.700 €	200 €	3.900 €	450 €	2.700 €	300 €	450 €
Energiekosten	370 €		370 €	15 €	330 €	10 €	15 €
Kommunikationskosten	1.875 €		1.875 €	425 €	13 €	875 €	563 €
Gesamtkosten vor ILV	56.395 €	-50 €	56.345 €	14.540 €	14.593 €	7.835 €	19.378 €
ILV: U-Lager (%)					-14.593 €	5.107 €	9.485 €
Gesamtkosten in ILV			56.345 €	14.540 €		12.942 €	28.863 €
DB I			15.695 €			9.558 €	6.137 €
Zuschlag Verwaltung/GF				-14.540 €		5.690 €	8.850 €
DB II (Kalk. Gewinn/Verlust)			**1.155 €**			**3.868 €**	**-2.713 €**

Vergleichsrechnung (prozentuale Abweichungen)

	SE	SA
Soll-Ist-Vergleich (Budgetierung):	- 0,8 %	- 2,4 %
Zeitvergleich (Vorjahresmonat):	- 3,7 %	- 6,4 %
Zeitvergleich (Vormonat):	6,9 %	6,8 %

3.10 Fallbeispiel III: Erstellung eines Teilkosten-BAB

Auf der Basis des nachfolgenden (stark vereinfachten) Organigramms einer Spedition und der angeführten Informationen über abgewickelte Mengen und entstandene Kosten eines Monats sowie zu berücksichtigende Verrechnungen im Rahmen der ILV wird ein Teilkosten-BAB konstruiert, um die Unterschiede zum Vollkosten-BAB aufzuzeigen.

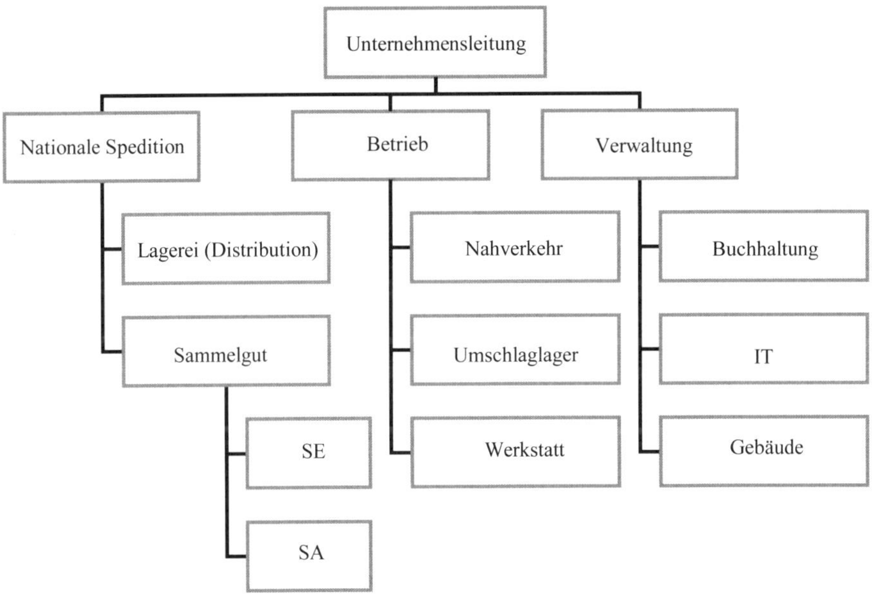

Abb. 3.3: Organigramm einer Spedition

a) Mengendaten

Tonnagen:

Lagerei	2.200 to	(davon 200 to über U-Lager)
SE	1.400 to	(davon 1.000 to über U-Lager)
SA	1.300 to	(davon 1.200 to über U-Lager)

Fuhrparkleistung:

Nahverkehr	2.200 to

Buchungen:

Lagerei	1.800
SE	10.500
SA	8.000

b) Kostendaten

Personalkosten:
(nicht regelmäßige indirekte Personalkosten sind bereits periodisiert und eingerechnet)

Unternehmensleitung	6.000 €
Speditionsleitung	4.100 €
Betriebsleitung	3.800 €
Verwaltung	7.900 €
Lagerei	2.250 €
Sammelgut-Leitung	2.000 €
SE	6.000 €
SA	7.300 €
Nahverkehr	30.250 €
U-Lager	12.800 €
Buchhaltung	7.000 €
IT	4.600 €
Gebäude	1.150 €

Energiekosten:
(Verbrauch an Gas, Wasser, Strom)

lt. Zähler	4.200 €	(insgesamt)
lt. Zwischenzähler	1.200 €	(für die Werkstatt)

Kraftstoffkosten:
(lt. Rechnungen von Fremdbetankungen und Belegen von Eigenbetankungen)

Unternehmensleitung	300 €
Speditionsleitung	150 €
Sammelgut-Leitung	150 €
Nahverkehr	16.000 €

Kommunikationskosten:
(Gebühren lt. Zählern)

Unternehmensleitung	1.500 €
Speditionsleitung	1.000 €
Betriebsleitung	300 €
Verwaltung	50 €
Lagerei	4.100 €

Sammelgut-Leitung	400 €
SE	650 €
SA	1.700 €
Nahverkehr	800 €
Werkstatt	50 €
Buchhaltung	550 €
IT	250 €
Gebäude	180 €

KFZ-Steuern und Versicherungen:
(lt. Jahresrechnung und Abgrenzung)

Unternehmensleitung	110 €
Speditionsleitung	90 €
Sammelgut-Leitung	90 €
Nahverkehr	12.500 €

Bewirtungs- und Werbungskosten, Reisekosten:
(nach Einzelbelegen)

Unternehmensleitung	400 €
Speditionsleitung	4.000 €
Betriebsleitung	125 €
Verwaltung	100 €
Lagerei	250 €
Sammelgut-Leitung	100 €
Buchhaltung	75 €

Materialkosten:
(nach Rechnungen bzw. Verbrauchsscheinen)

Unternehmensleitung	100 €
Speditionsleitung	350 €
Betriebsleitung	150 €
Verwaltung	400 €
Lagerei	1.000 €
Sammelgut-Leitung	600 €
SE	950 €
SA	1.100 €
Nahverkehr	250 €
Werkstatt	3.650 €
Buchhaltung	2.050 €
IT	400 €
Gebäude	20 €

Rechts-, Prüfungs- und Beratungskosten
(Anteil der Jahreskosten für einen Monat)

Speditionsleitung	250 €
Verwaltung	400 €

Kalkulatorische Zinsen
(nur angesetzt für größere Anlagegüter, nicht für SE und SA)

Lagerei	2.000 €
U-Lager	500 €
IT	175 €
Telefonanlage	150 €
Gebäude	7.150 €
LKW (Nahverkehr)	2.100 €
PKW:	
- Unternehmensleitung	40 €
- Speditionsleitung	25 €
- Sammelgut-Leitung	25 €

Kalkulatorische Abschreibungen

Unternehmensleitung	400 €
Speditionsleitung	350 €
Betriebsleitung	30 €
Verwaltung	25 €
Lagerei	7.500 €
SE	100 €
SA	110 €
Nahverkehr	10.000 €
U-Lager	2.500 €
Buchhaltung	150 €
IT	1.650 €
Telefonanlage	700 €
Gebäude	3.200 €
PKW:	
- Unternehmensleitung	500 €
- Speditionsleitung	300 €
- Sammelgut-Leitung	300 €

c) Erlösdaten

Bruttospeditionserlös (BSE)
(Angaben der Buchhaltung)

	Speditionserlös	Speditionskosten	BSE
SE	85.000 €	37.500 €	47.500 €
SA	180.000 €	75.000 €	105.000 €
Lagerei	330.000 €	200.000 €	130.000 €
SUMME	595.000 €	312.500 €	282.500 €

d) Innerbetriebliche Leistungsverrechnung (ILV)

Nahverkehr: Verrechnung zu Marktpreisen (Bedingungen und Entgelte und Erfahrungen am Markt)

Gutschriften von:

SE	150 €
SA	1.650 €
Lagerei	700 €

Werkstatt: Erhaltene Gutschriften aufgrund von Verrechnungen von Ersatzteilen, Ersatzteilgemeinkosten und Kosten pro Lohnstunde (in Anlehnung an Preisen von Fremdwerkstätten) von folgenden Kostenstellen:

Unternehmensleitung	150 €
Speditionsleitung	75 €
Sammelgut-Leitung	125 €
Nahverkehr	6.450 €
U-Lager	175 €

U-Lager: Verrechnung von Leistungen nach marktorientierten 100 kg-Sätzen: 1,20 €/100 kg

Gebäude: Verrechnung von kalkulatorische Mieten in Anlehnung an Marktpreise: Für Miete von Büroräumen 4,75 €/m^2, für Lager und Werkstatt 2,75 €/m^2

Unternehmensleitung	60 m^2
Speditionsleitung	25 m^2
Betriebsleitung	25 m^2
Verwaltung	25 m^2
Lagerei: Büro	50 m^2
Lagerei: Lager	2.500 m^2
Sammelgut-Leitung	25 m^2
SE	40 m^2
SA	55 m^2
Nahverkehr (Büro)	35 m^2
U-Lager: Büro	22 m^2
U-Lager: Lager	1.800 m^2
Werkstatt	350 m^2
Buchhaltung	50 m^2
IT	30 m^2

Buchhaltung: Verrechnung von 10 € pauschal pro Kostenstelle für Löhne und Gehälter sowie 0,75 € pro Buchung.

IT: Verrechnung der aufgewendeten Arbeitsstunden zu Marktpreisen für

Lagerei	2.200 €
SE	2.100 €
SA	4.350 €
Buchhaltung	4.750 €

Tab. 3.5: Ergebnis des Teilkosten-BAB's

Kostenstellen / Kosten/Erlöse	**Gesamt**	SE	SA	Sammelgut-Leitung	Lagerei	Speditions-Leitung	**Summe Spedition**	Nahverkehr	U-Lager	Werkstatt	Betriebs-Leitung	Buchhaltung	IT	Gebäude	Verwaltung	Unternehmens-Leitung
Speditionserlös	**595.000 €**	85.000 €	180.000 €		330.000 €		**595.000 €**									
Speditionskosten	**312.500 €**	37.500 €	75.000 €		200.000 €		**312.500 €**									
Bruttonutzen	**282.500 €**	**47.500 €**	**105.000 €**		**130.000 €**		**282.500 €**									
Personalkosten	**98.200 €**	6.000 €	7.300 €	2.000 €	2.250 €	4.100 €	**21.650 €**	30.250 €	12.800 €	3.050 €	3.800 €	7.000 €	4.600 €	1.150 €	7.900 €	6.000 €
Energiekosten	**4.200 €**									1.200 €				3.000 €		
Kraftstoffkosten	**16.600 €**			150 €		150 €	**300 €**	16.000 €								300 €
Kommunikationskosten	**11.530 €**	650 €	1.700 €	400 €	4.100 €	1.000 €	**7.850 €**	800 €		50 €	300 €	550 €	250 €	180 €	50 €	1.500 €
KFZ-Steuern/Versicherungen	**12.790 €**			90 €		90 €	**180 €**	12.500 €								110 €
Bew.-/Werbe-/Reisekosten	**5.050 €**			100 €	250 €	4.000 €	**4.350 €**				125 €	75 €			100 €	400 €
Materialkosten	**11.020 €**	950 €	1.100 €	600 €	1.000 €	350 €	**4.000 €**	250 €		3.650 €	150 €	2.050 €	400 €	20 €	400 €	100 €
Rechts-/Beratungskosten	**650 €**					250 €	**250 €**								400 €	
kalk. Zinsen	**12.165 €**			25 €	2.000 €	25 €	**2.050 €**	2.100 €	500 €				175 €	7.300 €		40 €
kalk. Abschreibungen	**27.815 €**	100 €	110 €	300 €	7.500 €	650 €	**8.660 €**	10.000 €	2.500 €		30 €	150 €	1.650 €	3.900 €	25 €	900 €
Gesamtkosten vor ILV	**200.020 €**	**7.700 €**	**10.210 €**	**3.665 €**	**17.100 €**	**10.615 €**	**49.290 €**	**71.900 €**	**15.800 €**	**7.950 €**	**4.405 €**	**9.825 €**	**7.075 €**	**15.550 €**	**8.875 €**	9.350 €
ILV: Nahverkehr	**0 €**	21.250 €	22.500 €		14.950 €		**58.700 €**	-58.700 €								
ILV: Werkstatt	**0 €**			125 €		75 €	**200 €**	6.450 €	175 €	-6.975 €						150 €
ILV: U-Lager	**0 €**	12.000 €	14.400 €		2.400 €		**28.800 €**		-28.800 €							
ILV: Gebäude	**0 €**	190 €	261 €	119 €	7.113 €	119 €	**7.801 €**	166 €	5.055 €	963 €	119 €	238 €	143 €	-14.887 €	119 €	285 €
ILV: Buchhaltung	**0 €**	7.885 €	6.010 €	10 €	1.360 €	10 €	**15.275 €**	10 €	10 €	10 €	10 €	-15.355 €	10 €	10 €	10 €	10 €
ILV: IT	**0 €**	2.100 €	4.350 €		2.200 €		**8.650 €**					4.750 €	-13.400 €			
Be-/Entlastung in ILV	**0 €**	**43.425 €**	**47.521 €**	**254 €**	**28.023 €**	**204 €**	**119.426 €**	**-52.074 €**	**-23.561 €**	**-6.003 €**	**129 €**	**-10.368 €**	**-13.248 €**	**-14.877 €**	**129 €**	**445 €**
Gesamtkosten nach ILV	**200.020 €**	**51.125 €**	**57.731 €**	**3.919 €**	**45.123 €**	**10.819 €**	**168.716 €**	19.826 €	-7.761 €	1.948 €	4.534 €	-543 €	-6.173 €	673 €	9.004 €	9.795 €
DB I (Kostenstelle)		**-3.625 €**	**47.269 €**	**-3.919 €**	**84.878 €**	**-10.819 €**	**113.784 €**	**-19.826 €**	**7.761 €**	**-1.948 €**	**-4.534 €**	**543 €**	**6.173 €**	**-673 €**	**-9.004 €**	**-9.795 €**
DB II (SE/SA)	**43.644 €**	**43.644 €**														
DB III (Sammelgut)	**39.725 €**	**39.725 €**														
DB IV (Unternehmensbereiche)	**92.275 €**	**113.784 €**						**-18.547 €**				**-2.962 €**				
DB V (Gesamt)	**82.480 €**															**-9.795 €**

Im Gegensatz zum Vollkosten-BAB werden beim Teilkosten-BAB im Rahmen der ILV die Hilfskostenstellen nicht vollständig aufgelöst. Es wird dadurch ersichtlich, dass die Kostenstellen Umschlaglager, Buchhaltung und IT auf Basis der verwendeten Verrechnungssätze einen positiven Deckungsbeitrag (DB I) generieren. Bezug nehmend auf das oben dargestellte Organigramm der Spedition (*Abb. 3.3*), rechnet man im nächsten Schritt den DB II für die Kostenstellen Sammelguteingang und Sammelgutausgang. Von dort wird der Deckungsbeitrag an die übergeordnete Kostenstelle Sammelgut weitergegeben und nach Ergänzung der Ergebnisse der Kostenstelle Lagerei (Distribution) der DB III ermittelt. Im folgenden Schritt wird der DB IV für die einzelnen Unternehmensbereiche Nationale Spedition, Betrieb und Verwaltung kalkuliert, bevor im letzten Schritt noch die Unternehmensleitung (DB V) für das Gesamtergebnis berücksichtigt wird.

3.11 Kontrollfragen, Übungsaufgabe und Fallstudie IV zu Kapitel 3

Fragen zur persönlichen Lernerfolgskontrolle (Kapitel 3)

- *Was ist eine Kostenstelle?*
- *Welche Arten von Kostenstellen kann man unterscheiden?*
- *Nach welchen Grundsätzen sollten Unternehmen in Kostenstellen aufgeteilt werden?*
- *Was versteht man unter einem Kostenstellenplan?*
- *Wie ist ein BAB für eine Spedition aufgebaut?*
- *Worin liegt der Nutzen der deckungsbeitragsorientierten Gestaltung des BAB's?*
- *Wie unterscheiden sich Kostenstelleneinzel- und Kostenstellengemeinkosten? Nennen Sie jeweils Beispiele.*
- *Warum werden im BAB innerbetriebliche Leistungen verrechnet?*
- *Wozu benötigt man aus dem BAB ermittelte Verrechnungs- und Zuschlagssätze?*
- *Nennen Sie Vor-/Nachteile von vollkostenorientierten und teilkostenorientierten BAB's!*
- *Wie kann der BAB für die Unternehmens- und Abteilungsführung genutzt werden?*

Übungsaufgabe zum Kapitel 3

18. Kalkulieren Sie die Umlagen der Verwaltungs- und Geschäftsführungskosten des Vollkosten-BAB (Fallbeispiel II) alternativ auf Basis der anteiligen Personalkosten von Sammelguteingang und Sammelgutausgang. Wie interpretieren Sie das Ergebnis?

Fallstudie IV zum Kapitel 3:

Vollkosten-BAB

Die Niederlassung einer Spedition bietet im Markt bundesweite Sammelguttransporte auf allen Relationen im Ein- und Ausgang an. Es ist ein eigener LKW vorhanden. Er fährt nachts eine Sammelgutlinie und tagsüber im Nahverkehr. Es gibt ein eigenes Umschlaglager. Geschäftsführung, Verkauf und Personal werden von der Niederlassungsleitung betrieben. Weiterhin vorhanden ist eine IT Abteilung sowie eine Buchhaltungs-/Abrechnungsabteilung.[53]

Als Kostenarten werden unterschieden:

- Speditionskosten (nur auftragsbezogene Kosten, v. a. für Fremdfrachten)
- Personalkosten
- Kraftstoffkosten
- Versicherung/Steuern
- Bewirtungs-/Reisekosten
- Energiekosten
- Kommunikationskosten
- Materialkosten
- Reparaturkosten/kalk. Wagniskosten
- Raumkosten
- kalk. Abschreibungen
- kalk. Zinsen

Versuchen Sie, einen vollkostenorientierten BAB für diese Spedition bis zum DB III zu erstellen. Überlegen Sie, welche Kostenstellen einzurichten und wie diese im BAB anzuordnen sind. Interpretieren Sie die Ergebnisse des BAB's.

Nutzen Sie dabei die folgenden detaillierten Informationen zur BAB-Fallstudie (alle Zahlen sind schon auf den Monat berechnet):

a) Tonnagen:

SE	300 to
SA	400 to

b) Buchungen:

SE	720
SA	500
U-Lager	10
Fuhrpark	20
IT	10
Geschäftsführung	50
Buchhaltung	20

53 Bitte beachten Sie auch hier, dass es sich zur Gewährleistung der Übersichtlichkeit um eine vereinfachte Darstellung handelt.

c) Personalkosten:

SE	2.500 €
SA	3.200 €
U-Lager	10.275 €
Fuhrpark	7.000 €
IT	3.250 €
Geschäftsführung	6.000 €
Buchhaltung	3.000 €

d) Kraftstoffkosten (lt. Rechnungen):

Fuhrpark	3.250 €
Geschäftsführung	250 €

e) Versicherung/Steuern:

U-Lager	100 €
Fuhrpark	1.200 €
IT	75 €
Geschäftsführung	600 €

f) Bewirtungs-/Reisekosten:

Geschäftsführung	900 €

g) Energiekosten:

Strom, Wasser, Gas	565 €
davon lt. Zwischenzähler für das U-Lager	400 €

h) Kommunikationskosten (nach Zählern):

SE	225 €
SA	550 €
U-Lager	50 €
Fuhrpark	100 €
IT	250 €
Geschäftsführung	500 €
Buchhaltung	200 €

i) Materialkosten:

SE	300 €
SA	375 €
U-Lager	25 €
Fuhrpark	50 €
IT	500 €

Geschäftsführung	100 €
Buchhaltung	150 €

j) Reparaturkosten/kalk. Wagniskosten:

SE	100 €
SA	150 €
U-Lager	600 €
Fuhrpark	2.250 €
IT	250 €
Geschäftsführung	100 €
Buchhaltung	75 €

k) Raumkosten:

U-Lager	1.800 €
Büroräume	825 €

Büroflächen:

SE	20 m^2
SA	20 m^2
IT	18 m^2
Geschäftsführung	30 m^2
Buchhaltung	22 m^2

l) Kalk. Abschreibungen:

SE	95 €
SA	110 €
U-Lager	1.050 €
Fuhrpark	1.850 €
IT	1.500 €
Geschäftsführung	400 €
Buchhaltung	150 €

m) Kalk. Zinsen:

SE	350 €
SA	800 €
U-Lager	450 €
Fuhrpark	850 €
IT	250 €
Geschäftsführung	40 €
Buchhaltung	50 €

n) Bruttonutzen:

	Speditionserlöse	Speditionskosten	Bruttonutzen
SE	30.500 €	11.500 €	19.000 €
SA	70.000 €	23.500 €	46.500 €
Fuhrpark	4.700 €		4.700 €
GESAMT	105.200 €	35.000 €	70.200 €

o) Interne Leistungsverrechnung:

- Fuhrpark
  - an SE 6.000 €
  - an SA 4.700 €
- U-Lager (per 100 kg) 1,95 €
- Buchhaltung (pro Buchung) 4,50 €
- IT
  - an SE 1.233 €
  - an SA 2.627 €
  - an Geschäftsführung 273 €
  - an Buchhaltung 2.122 €

Anmerkung: Mögliche Restbeträge auf den Hilfskostenstellen nach der ILV sind noch auf die erlösbringenden Kostenstellen umzulegen.

p) Umlagen:

- Geschäftsführung nach dem Bruttonutzen
- Zentrale 6 % vom Bruttonutzen

4 Kostenträgerrechnung

4.1 Aufgaben und Stellung der Kostenträgerrechnung

Als letzte Stufe der Kosten- und Leistungsrechnung weist die Kostenträgerrechnung die zunächst in der Kostenartenrechnung erfassten, dann über die Kostenstellenrechnung weiterverrechneten Kosten für die einzelnen Kostenträger eines Unternehmens aus. Sie zeigt auf, wofür die Kosten eines Betriebes angefallen sind.

Wenn die Kostenträgerrechnung auf eine Abrechnungsperiode (Monat, Quartal, Jahr) bezogen ist, hat sie mit der Kostenartenrechnung gemeinsam, dass sämtliche innerhalb dieses Zeitraums angefallenen Kosten erfasst und aufbereitet werden. Der Unterschied liegt in der Art der Untergliederung der Gesamtkosten: die Kostenartenrechnung zeigt detailliert auf, welche Kostenarten in Anspruch genommen wurden, während die Kostenträgerrechnung belegt, für welche Leistungsarten die Kosten entstanden sind.

Kostenträger sind die betrieblichen Leistungen, die zu einem Güterverzehr geführt haben. Art und Anzahl der zu kalkulierenden Kostenträger werden sehr stark von der Breite und Tiefe des Leistungsprogramms sowie von den Informationsbedürfnissen bestimmt. Ein Einproduktbetrieb der Spedition benötigt keine Kostenträgerrechnung (z. B. selbst fahrender Unternehmer, der für ein Stahlwerk mit seinem Kipper ausschließlich Schlacke auf die Deponie fährt). Aber schon ein Spediteur, der Transportaufträge im Selbsteintritt auf unterschiedlichen Relationen oder mit unterschiedlichen Sendungsgrößen oder bei Fremdvergabe in unterschiedlichen Produktionsverfahren (z. B. Direktverkehre und Stückgutverkehre) durchführt, benötigt eine Kostenträgerrechnung. Solche Spediteure müssen jeden Kundenauftrag als eigenständigen Kostenträger behandeln.

Typische Beispiele für Kostenträger in der Spedition sind der 100 kg-Satz für Leistungen im Sammelgut bzw. Nah- und Fernverkehr (alternativ: Stellplatz oder Lademeter), die Palette oder das Collo[54] für Lagerleistungen sowie die Größen TEU für Leistungen in der Containerseeschifffahrt und Kilogramm für Leistungen in der Luftfracht.

Die Hauptaufgabe der Kostenträgerrechnung ist, Angebotspreise und/oder kostenmäßige Preisuntergrenzen zu ermitteln. Sie liefert darüber hinaus Informationen für kostenträgerbezogene Plan-/Ist-Vergleiche sowie für die Planung, Steuerung und Analyse des Leistungsprogramms. Eine der traditionellen Hauptaufgaben der Kostenträgerrechnung in Betrieben ist die Preiskalkulation (**Kostenträgerstückrechnung**). Sie ist historisch der Ausgangspunkt für die Entwicklung der gesamten Kosten- und Leistungsrechnung gewesen.

In manchen Fällen, bei neuen und individuellen Leistungen (z. B. Projektgeschäfte), können „**Selbstkosten-plus-Gewinnzuschlags-Preise**" als Angebotspreise kalkuliert werden. In der Regel gibt aber der Markt den Preis vor. Dann muss die Kostenträgerrechnung den Preis

---

54 Collo (plural: Colli) bezeichnet die Verkaufseinheit (Pick) im Rahmen der Kommissionierung.

kalkulieren, der mindestens erzielt werden muss, damit sich die Annahme eines Auftrages gerade noch lohnt.

Sie muss auch bei vorgegebenem Marktpreis kalkulieren können, wie hoch das Entgelt für die Fremdvergabe höchstens sein darf, damit der Auftrag mit einem Mindestgewinn angenommen werden kann („**Marktpreis-minus-Kosten-Kalkulation**").

✐ *Beispiel*

Komplettladung von Mannheim nach München:

Marktpreis	400,00 €
Regie- und Verwaltungskosten	40,00 €

⇒ Maximale Unternehmerfracht bei 5 % geplantem Gewinn =

$$\frac{400{,}00\,€ - 40{,}00\,€}{1{,}05} = 342{,}86\,€$$

Soll das Leistungsprogramm analysiert und gesteuert werden, muss die Kostenträgerrechnung zur **Kostenträgerergebnisrechnung** (**Kostenträgerzeitrechnung**) ausgebaut werden. Diese stellt nach Kunden, Relationen und Produktionsverfahren den Erlösen die Kosten gegenüber und zeigt so viel detaillierter als die Kostenstellenrechnung die Erfolgsquellen einer Spedition auf.

Dabei können die Kalkulationen auf unterschiedliche Kalkulationsobjekte ausgerichtet sein. Bei Massenproduktion (z. B. Umschlag bei KEP-Dienstleistern) wird die innerhalb einer Periode insgesamt produzierte Menge, bei Serienproduktion (Erledigung mehrerer Aufträge in einem Produktionsvorgang, z. B. Beförderung mehrerer Sendungen auf einer Relation) die Tour und bei Einzelfertigung (z. B. Projektgeschäft) unmittelbar der Auftrag kalkuliert.

4.2 Kalkulationsverfahren

4.2.1 Divisionskalkulation

Die von Speditionen angewendeten Kalkulationsverfahren werden danach ausgewählt, ob nur eine oder mehrere Leistungsarten erbracht werden, ob die Leistungen unverbunden oder als sehr eng miteinander verbundene Kuppelprodukte erzeugt werden und ob sie einander sehr gleich oder ungleich sind.

Die Divisionskalkulation ist das einfachste Kalkulationsverfahren. Sie ist für Einproduktbetriebe vorgesehen, für Unternehmen, die in einheitlicher, gleichbleibender Massenfertigung nur eine einzige Leistungsart erbringen, wie dies z. B. auf eng spezialisierte Transportunternehmer zutreffen kann. In Mehrproduktbetrieben lässt sich die Divisionskalkulation nur auf einzelne Abrechnungsbereiche anwenden, die nur jeweils eine einzige Leistungsart erbringen.

Das Prinzip der Divisionskalkulation sieht vor, dass die während einer Abrechnungsperiode angefallenen und für diesen Zeitraum erfassten Gesamtkosten durch die innerhalb dieser Periode erbrachten Leistungsmengen dividiert werden. Auf diese Weise werden Periodenkosten direkt in Stückkosten umgerechnet.

Beispiel

Transportmenge in einem Monat:	1.920 to
Gesamtkosten des Transports im Monat:	12.500 €

Tonnen-Satz: $\frac{12.500\,€}{1.920\,\text{to}} = 6{,}51\,€/\text{to}$

Manchmal werden bei der Divisionskalkulation fixe und variable Kosten getrennt, z. B. bei der Ermittlung von Tagessätzen und Kilometer-Sätzen in der Fahrzeugkostenrechnung (siehe dazu auch *Kap. 2.7*).

4.2.2 Äquivalenzziffernrechnung

Die Äquivalenzziffernrechnung ist im Gegensatz zur Divisionskalkulation ausdrücklich auf Mehrproduktbetriebe ausgerichtet. Dennoch ist sie, abrechnungstechnisch gesehen, ein der Divisionskalkulation sehr ähnliches Kalkulationsverfahren. Die Äquivalenzziffernrechnung wenden solche Logistikdienstleistungsunternehmen an, die produktionswirtschaftlich relativ eng miteinander verwandte Varianten einer Leistungsart herstellen, wie z. B. die Lagerung unterschiedlicher Güterarten für Kunden. Das Kalkulationsverfahren basiert auf der Annahme, dass die Leistungsvarianten eine sehr ähnliche Kostenstruktur haben. Das ist bspw. der Fall, wenn bei der Ein- und Auslagerung verschiedener Güter von Kunden nur die Ein- bzw. Auslagerungszeiten sich unterscheiden und somit nur Flurförderzeuge und Personal unterschiedlich in Anspruch genommen werden.

Durch das Einführen von Gewichtungs- bzw. Umrechnungsfaktoren schafft man die Voraussetzungen für die Anwendung der Divisionskalkulation. Die Gewichtungs- bzw. Umrechnungsfaktoren nennt man **Äquivalenzziffern**. Deren Ermittlung ist das Kernproblem der Kalkulationsmethode. Aufgrund von Erfahrungen der Vergangenheit kommen als Arten von Äquivalenzziffern u. a. in Betracht:

- Gewichte
- Zeiten
- Abmessungen
- Flächen
- Volumina

Zu Beginn der Kalkulation wird eine Leistungsart zur Bezugsleistung erhoben und mit der Äquivalenzziffer 1,0 versehen. Die anderen Varianten erhalten Äquivalenzziffern jeweils in der Höhe, die die angemessene Kostenbelastungsdifferenz zeigt. So bedeuten die Äquivalenzziffern von 0,7 bzw. 1,5, dass der einen Variante im Vergleich zur „Bezugsleistung" 30 % weniger und der anderen 50 % mehr Kosten pro Mengeneinheit angelastet werden.

Die Mengen aller Leistungsvarianten werden mit deren Äquivalenzziffern multipliziert und somit rechnerisch gleichnamig gemacht. So erhält man pro Variante Rechnungseinheiten, die zu addieren sind. Die Gesamtkosten pro Periode werden durch die Anzahl der Rechnungseinheiten dividiert (Divisionskalkulation) und führen zum Kostensatz pro Rechnungseinheit. Dieser wird zur Ermittlung der Stückkosten und der Kosten der Varianten benutzt.

✐ *Beispiel*

Für einen Kunden werden Paletten unterschiedlicher Gewichte eingelagert und gewichtsbasiert (100kg-Satz) abgerechnet. Die durchschnittliche Stapler-Transportzeit für die Einlagerung der Palette (Aufnahme von Lkw, Fahrt ins Lager, Absetzen im Regal, Rückfahrt zum Lkw) beträgt drei Minuten.

Dabei erreicht ein Staplerfahrer folgende Leistungen:

Tab. 4.1: Äquivalenzzifferntabelle

Gewichtsauslastung der Palette bis	Umschlag pro Stunde bei 3 Minuten Transportzeit	Äquivalenzziffer
100 kg	2.000 kg	5,00
150 kg	3.000 kg	3,33
200 kg	4.000 kg	2,50
250 kg	5.000 kg	2,00
300 kg	6.000 kg	1,67
350 kg	7.000 kg	1,43
400 kg	8.000 kg	1,25
450 kg	9.000 kg	1,10
500 kg	**10.000 kg**	**1,00**
550 kg	11.000 kg	0.91
600 kg	12.000 kg	0,83
650 kg	13.000 kg	0,77
700 kg	14.000 kg	0,71
750 kg	15.000 kg	0,67
800 kg	16.000 kg	0,63

Häufigstes Palettengewicht ist 500 kg. Diese Palette wird als Bezugspalette ausgewählt und erhält die Äquivalenzziffer 1,0. Für die anderen Palettengewichte (und Transportzeiten) ergeben sich die Äquivalenzziffern, die angeben, welcher unterschiedliche Arbeits- und Stapleraufwand erforderlich ist, um die Einlagerleistung unterschiedlich schwerer Paletten vergleichbar zu machen.

Beispiel (Fortsetzung)

Kostet die Umschlagstunde (Stapler und Umschlagarbeiter) 60,00 €, so ist der Kostensatz pro Einheits[EH]-100 kg:

$$\frac{60{,}00\ €/\text{h}}{10.000\ \text{kg}} \times 100\ \text{kg} = 0{,}60\ €\ \text{pro EH} - 100\ \text{kg}$$

Eine 350 kg-Palette erhält ein Einheitsgewicht von:

$$350\ \text{kg} \times 1{,}43 = 500{,}5\ \text{EH} - \text{kg}$$

Beim Kostensatz von 0,60 € pro EH-100 kg muss diese Palette mit

$$500{,}5\ \text{EH} - \text{kg} \times 0{,}60\ €\ \text{pro EH} - 100\ \text{kg} = \frac{500{,}5}{100} \times 0{,}60 = 3{,}01\ €$$

Einlagerungskosten gerechnet werden.

Ohne die Verwendung von Äquivalenzziffern würde man in diesem Beispiel schwere Paletten zu teuer und voluminöse (leichte) Paletten zu günstig kalkulieren. Alternativ könnte für diese Art der Leistungskalkulation aber auch die **Prozesskostenrechnung** zum Einsatz kommen (siehe *Kap. 5.5.3*).[55]

4.2.3 Zuschlagskalkulation

Kennzeichnend für die Zuschlagskalkulation ist die Unterteilung der Gesamtkosten des Unternehmens in Einzel- und Gemeinkosten. Die Einzelkosten werden den Kostenträgern direkt zugerechnet, die Gemeinkosten lastet man den einzelnen Leistungen mit Hilfe von Zuschlagssätzen an.

Je höher der Anteil der Einzelkosten an den Gesamtkosten ist, desto größer ist die Genauigkeit dieser Kalkulationsmethode. Die einem Kostenträger direkt zurechenbaren Einzelkosten dienen als Zuschlagsbasis für die Gemeinkosten. Die Kostenträgergemeinkosten werden den Kostenträgern indirekt über **prozentuale Zuschlagssätze** angelastet. Dies bedeutet, dass die Kostenträgereinzelkosten in der Zuschlagskalkulation nicht nur Kostenbestandteile sind, sondern zusätzlich die Aufgabe von Gewichtungsfaktoren bzw. Äquivalenzziffern zur Aufteilung der Kostenträgergemeinkosten übernehmen. Es wird also eine proportionale Beziehung zwischen Kostenträgergemeinkosten und Kostenträgereinzelkosten unterstellt.

So können die Verwaltungskosten, die Kosten der Geschäftsführung der Niederlassung und die Kosten der Zentrale mittels eines prozentualen Kostenzuschlages den Einzelkosten zugerechnet werden. Jedoch ist dieses Verfahren in Speditionen aufgrund des relativ geringen

55 Die Verwendung der Äquivalenzziffernrechnung hat in diesem Beispiel nur eine Berechtigung, wenn auf Gewichtsbasis kalkuliert und mit dem Kunden abgerechnet werden soll.

Anteils der Einzelkosten an den Gesamtkosten unüblich.[56] Statt der Einzelkosten insgesamt werden daher als Bezugsbasis oft auch nur die Personalkosten oder der Bruttonutzen verwendet.

✐ *Beispiel*

Personalkosten der Umschlagsleistungen		55.000 €
- Zuschlag Buchhaltung	3,0 %	1.650 €
- Zuschlag Verwaltung / GF	5,0 %	2.750 €
- Zuschlag Zentrale	6,5 %	3.575 €

Gegen die Zuschlagskalkulation ist einzuwenden, dass zwischen echten Kostenträgergemeinkosten und der Zuschlagsbasis nur selten proportionale Beziehungen bestehen. Dies wird deutlich, wenn man bedenkt, dass die Ausweitung des Geschäftsvolumens einzelner Leistungsarten die Summe der Einzelkosten und somit die Zuschlagsbasis erhöht, dass dies wiederum den Zuschlagssatz reduziert und dadurch andere Leistungsarten mit niedrigeren Verwaltungsgemeinkosten belastet werden, obwohl sie die Verwaltung nach wie vor in gleichem Maße in Anspruch nehmen.

4.2.4 Verrechnungssatzkalkulation

Für die Verrechnungssatzkalkulation ist kennzeichnend, dass die Kosten einzelner Kostenstellen oder Kostenplätze **proportional** zu deren Leistungsmenge verrechnet werden. Man bezieht die kostenstellenbezogen erfassten Kosten auf die Kostenstellenleistung und ermittelt so leistungsbezogene Verrechnungssätze (z. B. pro 100 kg/pro km/pro Stunde/pro Sendung).

Dies kann teilweise auch für Verwaltungskostenstellen wie Buchhaltung und IT praktiziert werden. Damit werden die Kostenträger nach Beanspruchung mit diesen Kosten belastet und der in Zuschlagskalkulationen pauschal aufzuschlagende Betrag und damit Kalkulationsfehler reduziert.

✐ *Beispiel*

In der Buchhaltung fallen in einer Spedition durchschnittlich Gesamtkosten von 5.642,50 € im Monat an. Im September wurden 1.747 Buchungen erstellt. Der Verrechnungssatz ist entsprechend 3,23 € pro Buchung.
Jeder Auftrag in den Ladungs- und Partieverkehren muss einmal gebucht werden, wird also mit anteiligen Buchhaltungskosten von 3,23 € kalkuliert.

56 Vgl. hierzu auch *Kempf/Tschischka*, 2012, S. 38 sowie das Zahlenbeispiel auf S. 37.

Die Verrechnungssatzkalkulation unterscheidet sich von der Divisionskalkulation dadurch, dass sie zur Kalkulation stark unterschiedlicher Leistungen herangezogen wird. Voraussetzung dafür ist, dass genau ermittelt wird, in welchem Ausmaß die einzelnen Kostenstellen von den zu kalkulierenden Leistungen in Anspruch genommen werden.

Die Praxis nutzt dieses Verfahren unter anderem für die Kalkulation unterschiedlicher Sendungen (Gewicht, Sperrigkeit, Entfernung) in Ladungs- und Partieverkehren bei Selbsteintritt und auch bei Fremdvergabe.

Tab. 4.2: Einsatz der Verrechnungssatzkalkulation in der Spedition

Ausschnitt aus der monatlichen Sendungsliste eines Kunden ab Mannheim

Anzahl Sdg.	Gewicht (kg)	Empfangsort	Summe Gewicht	Sendungskosten	100 kg-Kosten
3	5.000	München	15.000 kg	975,00 €	
2	24.000	Hamburg	48.000 kg	1.350,00 €	
24	2	Divers, national	48 kg	118,80 €	
1	700	Stuttgart	700 kg	19,10 €	59,85 €
1	100	Freiburg	100 kg	19,10 €	9,80 €
1	300	Berlin	300 kg	19,10 €	43,65 €
			64.148 kg	2.501,10 €	113,30 €
				100 kg-Satz:	**4,08 €**

Nebenrechnung

Prozesse	pro Sendung	per 100 kg
Vorlauf		1,10 €
U-Lager, Versand	1,50 €	1,10 €
Abfertigung, Versand	7,10 €	
U-Lager, Empfang	1,50 €	1,10 €
Nachlauf	9,00 €	4,25 €
Kostensatz SG (ohne Hauptlauf)	19,10 €	7,55 €
Stuttgart (mit HL)	19,10 €	8,55 €
Freiburg (mit HL)	19,10 €	9,80 €
Berlin (mit HL)	19,10 €	14,55 €

Verrechnungssätze (in €)	pro Paket	pro Sendung	per 100 kg
5 to-Partie nach München		325,00 €	
Komplettladung Hamburg		675,00 €	
Pakete: UPS bis 31,5 kg/Gurtmaß 3,30 m	4,50 €		
Pakete: Vorlauf Nahverkehr	0,20 €		
Pakete: Umschlag Versand	0,25 €		
Stückgut: Vorlauf Nahverkehr			1,10 €
Stückgut: Umschlag Versand		1,50 €	1,10 €
Abfertigung Versand		7,10 €	
Stückgut: Hauptlauf Stuttgart			1,00 €
Stückgut: Hauptlauf Freiburg			2,25 €
Stückgut: Hauptlauf Berlin			7,00 €
Stückgut: Umschlag Empfang		1,50 €	1,10 €
Stückgut: Nachlauf Nahverkehr		9,00 €	4,25 €

Anmerkungen zur *Tab. 4.2*:

- Bei der Angabe der Verrechnungssätze *Stückgut: Vorlauf Nahverkehr* wird davon ausgegangen, dass keine Vorlaufkosten pro Sendung entstehen, da eine Wechselbrücke im Sammelgut-Ausgang für einen Großkunden bereitsteht.
- Bei den Sätzen *Stückgut: Nachlauf Nahverkehr* wird unterstellt, dass die empfangsseitige Abfertigung in den Nachlaufkosten enthalten ist.

Bei komplexeren Distributionsgeschäften, die in der Regel auch längerfristig vereinbart werden, wird üblicherweise so vorgegangen, dass der Spediteur/Logistikdienstleister auf Basis eines vom Verlader (Kunden) vorgegebenen Mengengerüsts sein Angebot kalkuliert, z. B. einen bundesweiten einheitlichen 100 kg-Satz. Damit sind vergangenheitsbezogene Daten Grundlage für ein Preisangebot, das sich auf Leistungen in der Zukunft bezieht. Aufgrund der Veränderungen in den Logistikstrukturen der verladenden Wirtschaft, die nach wie vor tendenziell zu kleineren Transportlosen und höheren Sendungsfrequenzen führen, hat eine fehlende Kontrolle und Überwachung der Veränderungen der Sendungsstrukturen im Zeitablauf fatale Folgen, nämlich nicht mehr kostendeckende Preise!

Dies soll mit Hilfe von zwei Extrembetrachtungen der Kalkulationsergebnisse aus dem Rechenbeispiel verdeutlicht werden:

- Die 24-Tonnen-Sendung nach Hamburg führt bei Kosten von 675,00 € zu Erlösen in Höhe von 979,20 € (240 × 4,08 €/100 kg), wenn – wie zugrunde gelegt – auf 100 kg-Basis abgerechnet wird. Damit entsteht ein Gewinn pro Sendung in Höhe von 304,20 €.

- Die Kleinsendungen/Pakete (2 kg) führen bei Kosten in Höhe von 4,95 € pro Sendung zu Erlösen in Höhe von lediglich 0,08 € (0,02 × 4,08 €/100kg) und damit zu einem Verlust in Höhe von 4,87 € je Sendung.

Damit wird deutlich: Je weiter sich die der Angebotskalkulation zugrunde liegenden Sendungsstrukturen des Kunden im Laufe der Zeit in Richtung kleinere Sendungen verschieben (wovon auszugehen ist), desto geringer wird der Deckungsbeitrag des Gesamtpakets bzw. desto größer wird der Verlust!

4.2.5 Schlüsselungsverfahren für die Kalkulation von Kuppelprodukten

Von Kuppelprodukten spricht man in industrieller Sicht, wenn aus einem Produktionsprozess technisch oder organisatorisch zwangsläufig mehrere verschiedenartige Leistungen hervorgehen. Dies ist in der Spedition beim Transport in ähnlicher Weise gegeben, und zwar immer wenn mehrere Sendungen bei einer Tour nacheinander oder mindestens bei einer Teilstrecke gemeinsam befördert werden.

Sowohl die fixen als auch die variablen Kosten eines Kuppelproduktionsprozesses sind echte Kostenträgergemeinkosten. Zur Kalkulation solcher Kuppelprodukte ziehen Betriebe Schlüsselungsverfahren, auch Verteilungsverfahren genannt, heran. Das Schlüsselungsverfahren kennzeichnet, dass man die anfallenden Kosten im Verhältnis bestimmter Schlüsselgrößen auf die einzelnen Leistungen aufteilt. Dabei geht man nach dem Grundprinzip der Äquivalenzziffernkalkulation vor. Als **Schlüssel** bieten sich z. B. bei gemeinsamen Transporten in einer Tour an:

- Gewichte
- Volumina
- Transportentfernungen
- Stopps
- Einsatzzeiten

Beispiel

Eine Nahverkehrstour verursacht Kosten von 255 €. Es werden 18 Kunden mit Zustellung und 6 Kunden mit Abholung bedient. Die Zustell- und Abholgewichte betragen 2.000 kg und 2.800 kg.
Die Tourkosten sind zu 70 % stoppbezogen und zu 30 % gewichtsbezogen.[57]

Wie hoch sind die Produktionskosten für die Zustellung/Abholung bei einem Kunden im Durchschnitt?

Tourkosten:	255 €	
- davon 70 %	178 €	(stoppbezogene Tourkosten)
- davon 30 %	77 €	(gewichtsbezogene Tourkosten)

Zustellung	18 Kunden
Abholung	6 Kunden
	24 Kunden

Rechnung: $\frac{178\ €}{24\ \text{Kunden}} = 7{,}40\ €/\text{Stopp}$

Zustellgewicht	2.000 kg
Abholgewicht	2.800 kg
	4.800 kg

Rechnung: $\frac{77\ €}{4.800\ \text{kg}} \times 100 = 1{,}60\ €/100\ \text{kg}$

Was kostet eine Sendung in Zustellung und Abholung durchschnittlich?

Zustellung: $\frac{2.000\ \text{kg}}{18\ \text{Kunden}} = 111\ \text{kg/Stopp (im Durchschnitt)}$

57 Derartige Daten lassen sich für einen repräsentativen Zeitraum beispielsweise durch Mitfahrstudien ermitteln.

Abholung: $\frac{2.800 \text{ kg}}{6 \text{ Kunden}} = 467$ kg/Stopp (im Durchschnitt)

Kosten pro Kunde bei der Zustellung:

Stoppkosten	7,40 €
+ Gewichtskosten (111 kg à 1,60 € per 100 kg)	1,78 €
= Kosten pro Kunde (Zustellung)	9,18 €

Kosten pro Kunde bei der Abholung:

Stoppkosten	7,40 €
+ Gewichtskosten (467 kg à 1,60 € per 100 kg)	7,47 €
= Kosten pro Kunde (Abholung)	14,87 €

Zu kalkulieren sind noch die durchschnittlichen Produktionskosten pro Sendung. Werden in der Praxis bei der Zustellung jeweils 1 Sendung, bei der Abholung im Durchschnitt 1,8 Sendungen pro Kunde transportiert, so ergeben sich:

- für die Zustellung pro Sendung	7,40 €
- für die Abholung pro Sendung	7,40 € ÷ 1,8 = 4,11 €

Jeweils zzgl. der Gewichtskosten von 1,60 € per 100 kg.

Die Trennung in Stopp-/Sendungskosten und Gewichtskosten trägt der Tatsache Rechnung, dass im Verteilerverkehr die Kosten überwiegend durch die Stopps bzw. Sendung und nur zu einem geringen Teil durch die transportierten Gewichte verursacht werden.

4.2.6 Zusammenfassung

Die Darstellung der Kalkulationsverfahren macht die Verwandtschaft zwischen Divisionskalkulation und Äquivalenzziffernrechnung deutlich und auch die Überschneidung der Anwendungsgebiete von Zuschlags- und Verrechnungssatzkalkulation.

Die beschriebenen Kalkulationsverfahren werden in der Praxis zur Vor- und Nachkalkulation herangezogen. Die Gegenüberstellung von Vor- und Nachkalkulation deckt Abweichungen und nach weiterer Analyse deren Ursachen auf.

Oft findet man in der Kalkulation von Kostenträgern nicht nur die reine Anwendung eines Kalkulationsverfahrens, sondern eine gemischte Anwendung mehrerer Verfahren (z. B. in der Fahrzeugkostenrechnung die Zuschlags- und die Verrechnungssatzkalkulation).

4.3 Auftragskalkulation (Kostenträgerstückrechnung)

4.3.1 Methodik der Auftragskalkulation

Im Rahmen der Auftragskalkulation sind aus Sicht des Auftragnehmers im Vorfeld eine Reihe von Fragen zu beantworten. Erste Grundfragen sind immer:

- Was will der Kunde? Was soll produziert werden?
- Wird die Leistung oder Teile der Leistung fremd vergeben oder selbst erstellt?

Bei Selbsteintritt:

- Welche Abteilungen erbringen Teilleistungen?
- Wie läuft genau die Produktion ab?
- Ist ein einzelner Auftrag zu kalkulieren oder ist eine Mischkalkulation für mehrere Aufträge eines Kunden zu machen?

Sehr hilfreich ist, eine Skizze des Produktionsablaufes zu zeichnen, um alle Leistungsbestandteile daran erkennen zu können, somit nichts zu vergessen und nichts doppelt zu zählen.

Anhand der Skizze muss die Frage beantwortet werden, welche Güter bzw. Dienstleistungen bei jedem Schritt in welcher Menge verbraucht werden und wie hoch jeweils die Kosten sind. Praktisch ist, wenn man teilweise schon auf frühere Werte zurückgreifen kann. Ggf. müssen einzelne Bestandteile der Kalkulation aktualisiert bzw. neu kalkuliert werden. Hat man die Produktionskosten erfasst, wendet man sich den Gemeinkosten zu, die anteilig dem Auftrag angelastet werden müssen:

- Regiekosten
- Verwaltungskosten der Niederlassung
- Kosten der Zentrale

Dabei muss schon bei Beginn der Kalkulation feststehen, ob ein Angebotspreis in Form von „Selbstkosten-plus-Gewinn", eine Preisuntergrenze zum Vergleich mit dem Marktpreis oder eine Preisobergrenze für den Beschaffungspreis zu kalkulieren ist.

4.3.2 Kalkulationsschema für Transportunternehmer und Spediteur

Der Transportunternehmer als Frachtführer und der Spediteur als Auftraggeber bzw. im Selbsteintritt müssen hauptsächlich auf Basis des „Marktpreis-minus-Kosten-Schemas" ihre Kalkulation durchführen. Dabei gilt es für den Transporteur, mit seinem Fuhrpark einen möglichst hohen Gewinn zu erwirtschaften, während der Spediteur dessen Kerngeschäft ja die Vermittlungs- und Organisationstätigkeit ist, das Hauptaugenmerk auf den Bruttonutzen (Rohertrag) richtet. Nachfolgend werden die beiden Kalkulationsschemata kurz vorgestellt.

<u>Kalkulationsschema des Transportunternehmers:</u>

Frachterlöse

- Kosten der Transportdurchführung
  (durch den Einsatz verursachte variable Fahrzeugkosten)

= **DB I**

- Bereitschaftskosten (fixe Fahrzeugkosten, fixe Personalkosten)

= **DB II**

- Verwaltungskosten

= **DB III** (kalkulatorischer Gewinn bzw. Verlust)

Hinsichtlich der Frage, ob ein Transportunternehmer einen Auftrag annehmen oder ablehnen soll, gilt folgende Entscheidungsregel:*„Wenn ein eigenes Fahrzeug bei Auftragsablehnung beschäftigungslos bleibt, sollte ein Auftrag dann angenommen werden, wenn die Erlöse die variablen Auftragskosten übersteigen. Jeder darüber hinaus gehende Euro hilft, die Fixkosten zu decken".*

<u>Kalkulationsschema des Spediteurs:</u>

Frachterlöse

- Speditionskosten
  (durch den Einsatz verursachte Fremdleistungskosten)

= **DB I (Bruttonutzen)**

- Kosten der betrieblichen Eigenleistung/Selbsteintritt
  (z. B. Umschlag, Kommissionierung)

= **DB II**

- Regiekosten (für Disposition und Abfertigung)

= **DB III**

- Verwaltungskosten (Gemeinkosten der NL, Overheadkosten der Zentrale)

= **DB IV** (kalkulatorischer Gewinn bzw. Verlust)

Bezogen auf die Make-or-buy-Entscheidung gilt für den Spediteur folgender Grundsatz: *„Der Transportunternehmer sollte eingesetzt werden, wenn seine Fracht unter den variablen Kosten des Selbsteintritts liegt.“*

4.3.3 Kalkulationsbeispiele für die speditionellen Leistungserstellung

Beispiel 1a: Kalkulation eines Direkttransports (ohne Rückladung)

Kalkuliert wird eine Transportleistung von Mannheim (MA) nach Köln (K) ohne Rückfracht und einem Frachterlös von 450,00 €. Basis ist ein variabler Kilometersatz von 0,42 € pro Kilometer und ein fixer Stundensatz von 31,74 €. An Verwaltungskosten sind 25,50 € pro Auftrag zu berücksichtigen.

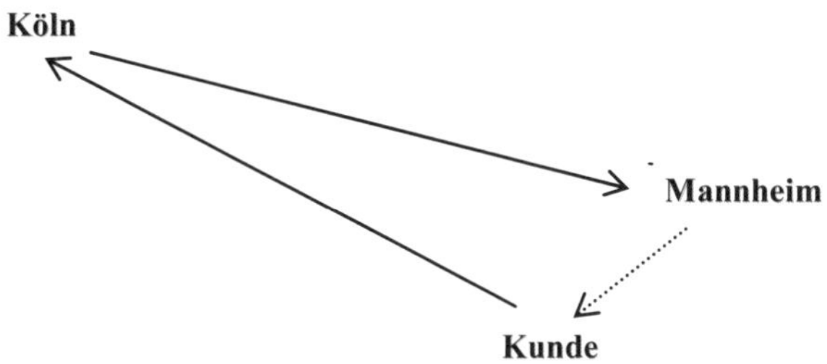

Hinfahrt:	**von - bis**	**Stunden**
Fahrt zum Kunden	15:00 - 15:30	0,5 h
Laden/Abfertigen	15:30 - 16:30	1,0 h
Fahrt nach Köln	16:30 - 20:00	3,5 h
Entladen	07:00 - 08:30	1,5 h
Abfertigen	08:30 - 09:00	0,5 h
Zwischensumme		**7,0 h**
Rückfahrt:		
Fahrt nach MA	09:00 - 13:00	4,0 h
Gesamtzeit		**11,0 h**
Entfernungen:		**Kilometer**
MA – Kunde		20 km
Kunde – Köln		245 km
Köln – MA		235 km
Gesamtentfernung		**500 km**

Abb. 4.1: Transportablauf des Beispiels 1a[58]

[58] Zwischen 20.00 Uhr und 7.00 Uhr nimmt der Fahrer seine Ruhezeit.

<u>Kalkulation des Beispiels 1a:</u>

Frachterlös	**450,00 €**
- variable Transportkosten (500 km à 0,42 €/km)	210,00 €
= DB I	**240,00 €**
- fixe Transportkosten (11 h à 31,74 €/h)	349,14 €
= DB II	**- 109,14 €**
- Verwaltungskosten	25,50 €
= DB III (Gewinn/Verlust)	**- 134,64 €**

Ergebnis der Kalkulation ist eine negative Umsatzrendite von knapp 30 %. Der Erlös aus der Transportleistung reicht bei weitem nicht aus, um die variablen und fixen Transportkosten des Auftrages zu decken.

Beispiel 1b: Kalkulation eines Direkttransports (mit Rückladung)

Der Unternehmer kann eine Rückladung in Bonn (BN) für 330,00 € akquirieren, welche zu einem Kunden in Heidelberg (HD) transportiert werden muss. Es kommt zu folgenden Veränderungen im Transportablauf und in der Transportkalkulation (Grenzkostenrechnung):

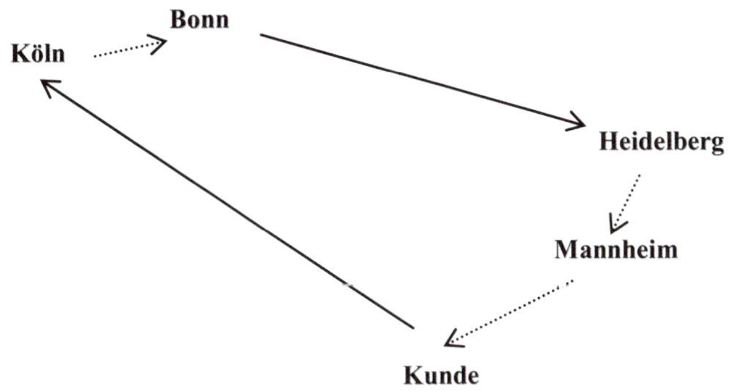

Hinfahrt:	**von – bis**	**Stunden**
Fahrt zum Kunden	15:00 - 15:30	0,5 h
Laden/Abfertigen	15:30 - 16:30	1,0 h
Fahrt nach Köln	16:30 - 20:00	3,5 h
Entladen/Abfertigen	07:00 - 09:00	2,0 h
Fahrt nach Bonn	09:00 - 10:00	1,0 h
Warten/Laden	10:00 - 11:30	1,5 h
Fahrt nach HD	11:30 - 14:30	3,0 h
Entladen/Abfertigen	14:30 - 16:00	1,5 h
Fahrt nach MA	16:00 - 16:30	0,5 h
Gesamtzeit		**14,5 h**

Entfernungen:	**Kilometer**
MA – Kunde	20 km
Kunde – Köln	245 km
Köln – Bonn	40 km
Bonn – HD	225 km
HD – MA	30 km
Gesamtentfernung	**560 km**

Köln! 6,5 Std. direkte Abarbeitung dieses Kunden

6h für HD zuzuordnen

sind nicht sauber zuzuordnen diese Kosten müssen verteilt werden

Abb. 4.2: Transportablauf des Beispiels 1b

Durch die Rückladung wird der „break even" erreicht und eine positive Umsatzrendite von knapp 4 % erzielt (siehe Kalkulation unten). Unter folgende Bedingungen können Rückladungen zu einer Ergebnisverbesserung führen:

- Keine zu langen Umwegfahrten/Leerfahrten
- Keine zu langen Warte-/Belade-/Entlade- und Abfertigungszeiten
- Nicht zu viele Entladestellen bzw. große Sendungen
- Kostendeckende Preise

Grenzkostenkalkulation des Beispiels 1b:

	ohne RL	Δ durch RL	Summe
Frachterlös	**450,00 €**	**330,00 €**	**780,00 €**
- variable Transportkosten	210,00 €	60 km à 0,42 ct 25,20 € zusätzl. anfallende km	235,20 €
= DB I	**240,00 €**	**304,80 €**	**544,80 €**
- fixe Transportkosten	349,14 €	3½ · 31,74 € 111,09 €	460,23 €
= DB II	**- 109,14 €**	**193,71 €**	**84,57 €**
- Verwaltungskosten	25,50 €	25,50 €	51,00 €
= DB III (Gewinn/Verlust)	**- 134,64 €**	**168,21 €**	**33,57 €**

In einem weiteren Schritt kann noch im Rahmen einer Einzelkostenrechnung analysiert werden, wie der Ergebnisbeitrag der beiden Transporte ist.

Einzelkostenkalkulation des Beispiels 1b:

	MA - K	BN - HD	Auftrags-GK
Frachterlös	450,00 €	330,00 €	780,00 €
- variable Transportkosten	245 km · 0,42 € = 102,90 € (52 %) 19,66 €	225 · 0,42 € = 94,50 € (48 %) 18,14 €	90 km à 0,42 €/km 37,80 €
= DB I	327,44 €	217,36 €	
- fixe Transportkosten	6½ · 31,74 € = 206,31 € (52 %) 33,00 €	6h · 31,74 € = 190,44 € (48 %) 30,48 €	2 h à 31,74 €/h 63,48 €
= DB II	88,13 €	-3,56 €	
- Verwaltungskosten	25,50 €	25,50 €	
= DB III (Gewinn/Verlust)	62,63 €	-29,06 €	
Schlüsselgröße (h)	6,5 h (52 %)	6 h (48 %)	12,5 h

Dazu sind die Auftragsgemeinkosten jeweils von den Auftragseinzelkosten zu separieren und ein geeigneter Schlüssel (Zeit oder gefahrene Kilometer) festzulegen. Zu den Auftragsgemeinkosten können die Kosten der Fahrt von der Niederlassung zum Versender, die Kosten der Fahrt von Köln nach Bonn und die Kosten vom Empfänger in Heidelberg zur Niederlassung gerechnet werden (in Summe 90 Kilometer bzw. zwei Stunden). Bei Zugrundelegung der Zeit als Schlüssel der Auftragsgemeinkosten ergibt sich die oben dargestellte, veränderte Erlössituation.

Durch die vorgenommene Schlüsselung fallen 52 % der Auftragsgemeinkosten für den Hintransport und 48 % für den Rücktransport an. Problematisch ist, dass das Ergebnis durch die Festlegung des jeweiligen Schlüssels wesentlich beeinflusst werden kann.

Beispiel 2: Kalkulation eines Sammelguthauptlaufs

Die Hauptlaufleistung wird von einem Fernverkehrs-Gliederzug mit zwei 7 Meter langen Wechselbrücken im Selbsteintritt erbracht. Für das Fahrzeug gibt es eine Fahrzeugkostenrechnung. Der Verrechnungssatz für die Relation Mannheim – Köln ist zu kalkulieren, um dann in die Sammelgut-Kalkulation eingebaut zu werden.

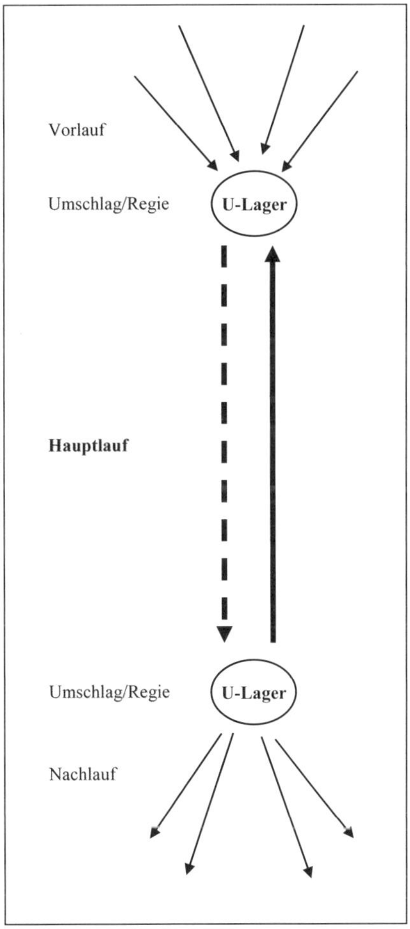

Abb. 4.3: Ablauf in der Produktion der Sammelgutleistungen

Zu kalkulieren ist nur der durch den gestrichelten Pfeil dargestellte Produktionsvorgang.

Der eigene Lastzug ist nachts für die Sammelgutlinien Mannheim – Köln und Köln – Mannheim, tagsüber im Nahverkehr eingesetzt. Ein Fernverkehrsfahrer fährt nachts, ein weiterer Nahverkehrsfahrer tagsüber das Fahrzeug. Das Fahrzeug ist mit 4 Wechselbrücken ausgestattet.

Für das Fahrzeug wird in der Fahrzeugkalkulation ein km-Satz von 0,35 €/km kalkuliert. Die Wechselbrücken sind in die fixen Fahrzeugkosten eingerechnet. Der Fernverkehrsfahrer verursacht Personalkosten von 4.000 € pro Monat. Die fixen Kosten des LKW liegen bei 1.725 € pro Monat inkl. Wechselbrücken, die Gemeinkosten betragen 1.017 € pro Monat. Das Fahrzeug wird 20 Tage pro Monat eingesetzt. Die Transportentfernung Köln – Mannheim beträgt 240 km.

Hauptlaufkalkulation:

Variable Kosten:		
240 km à 0,35 €/km =		84,00 €
Personalkosten:		
pro Nacht 4.000 € ÷ 20 =	200,00 €	
½ Anteil Mannheim – Köln:		+ 100,00 €
Fixkosten:		
pro Tag 1.725 € ÷ 20 =	86,25 €	
½ pro Nacht =	43,13 €	
½ Anteil Mannheim – Köln:		+ 21,56 €
Gemeinkosten:		
pro Tag 1.017 € ÷ 20 =	50,85 €	
½ pro Nacht =	25,43 €	
½ Anteil Mannheim – Köln:		+ 12,71 €
Hauptlaufkosten Mannheim – Köln		= 218,27 €

Bei einer Auslastung mit durchschnittlich 10,7 to Sammelgut ergibt sich ein 100 kg-Satz von 2,04 € per 100 kg für den Hauptlauf. 218,27 : 107 = 2,04 €

Beispiel 3: Kalkulation einer kompletten Sammelgutleistung

Für die Relation Mannheim – Köln ist die komplette Sammelgutleistung zu rechnen. Hier geht es darum, die Kosten zusammenzustellen, um dann mit dem Marktpreis zu vergleichen, ob ein bestimmter Preis kostendeckend ist. Dabei muss immer der gesamte Produktionsvorgang kalkuliert werden. Anschließend können die anteiligen Kosten für einen Auftrag als Durchschnitts- oder Grenzkosten isoliert betrachtet werden.

Der Ablauf entspricht der obigen *Abb. 4.3.* Zu kalkulieren sind folgende Produktionskostenteile:[59]

1. Abholung im Nahverkehr (4,11 €/Sendung + 1,60 €/100 kg)
2. Umschlag versandseitig (1,48 €/100 kg)
3. Hauptlauf (2,04 €/100 kg)
4. Umschlag empfangsseitig (1,48 €/100 kg)
5. Zustellung im Nahverkehr (7,40 €/Sendung + 1,60 €/100 kg)

Noch zu kalkulieren sind die Regiekosten im Sammelguteingang und Sammelgutausgang. Aus BAB-Analysen können Regiekosten für den Sammelguteingang von 11.904 € und für den Sammelgutausgang von 19.475 € ermittelt werden. Handelt es sich um Jahresdurchschnittswerte bei diesen Kosten, so ergeben sich bei 920 Sendungen im Sammelguteingang und 1.610 Sendungen im Sammelgutausgang Regiekosten von:

6. Sammelgutausgang Regiekosten: $\frac{19.475\,€}{1.610\,Sdg.} = 12{,}10\,€/Sendung$

7. Sammelguteingang Regiekosten: $\frac{11.904\,€}{920\,Sdg.} = 12{,}94\,€/Sendung$

Jetzt liegen alle Kalkulationsbestandteile vor:

Produktionskostensätze:	**€ pro Sendung**	**€ per 100 kg**
1. Abholung im Nahverkehr	4,11 €	1,60 €
2. Umschlag (versandseitig)		1,48 €
3. Hauptlauf		2,04 €
4. Umschlag (empfangsseitig)		1,48 €
5. Zustellung im Nahverkehr	7,40 €	1,60 €
Regiekostensätze:		
6. Sammelgutausgang	12,10 €	
7. Sammelguteingang	12,94 €	
SUMME	**36,55 €**	**8,20 €**

Mit den komplett ermittelten Verrechnungssätzen können nun Aufträge kalkuliert werden.

Wie hoch sind die Kosten einer Sendung mit 480 kg und einer Sendung mit 650 kg von Mannheim nach Köln? Die Marktpreise liegen bei 65,00 € bzw. 85,00 €.

59 Die im Folgenden verwendeten Kalkulationswerte sind das Ergebnis vorangegangener Berechnungen: In *Kap. 3.6.* wurde der Umschlag mit 1,48 EUR per 100 kg bereits ermittelt. In *Kap. 4.2.5.* ist das Hereinholen im Nahverkehr mit 4,11 EUR und die Abholung mit 7,40 EUR pro Sendung, die Zustellung mit 1,60 EUR per 100 kg kalkuliert worden. Im vorangegangenen *Beispiel 2* lag der Hauptlaufkostensatz bei 2,04 EUR per 100 kg.

Vollkosten	**Sendung Nr. 1**	**Sendung Nr. 2**
Gewicht	480 kg	650 kg
Kosten pro Sendung	36,55 €	36,55 €
Gewichtskosten[60]	39,36 €	53,30 €
Auftragskosten	75,91 €	89,85 €
Erlöse	65,00 €	85,00 €
Gewinn/Verlust	**- 10,91 €**	**- 4,85 €**

Sollte der Spediteur die Aufträge trotz Verlust annehmen? Für diese Entscheidung ist die Kalkulation der **Grenzkosten** entscheidend: Welche Kosten werden durch die Auftragsannahme verursacht? Hierzu gehen wir von folgenden Annahmen aus:

1. Abholung: Bezahlt der Spediteur die Unternehmer nach Sendungszahl und -gewicht, werden die Kosten wie kalkuliert verursacht.

2. Umschlag (versandseitig): Sind im Umschlag 20 % der Kosten variabel,[61] so sind 0,30 € (1,48 € × 0,20) per 100 kg Grenzkosten.

3. Hauptlaufkosten sind keine Grenzkosten! Der Lkw fährt mit und ohne zusätzliche Sendung.

4., 5. + 7. Umschlag empfangsseitig, Zustellung und Regiekosten SE werden von der Empfangsniederlassung voll in Rückrechnung gestellt, sind also Grenzkosten.

6. Regiekosten SA: Sind in den Regiekosten 15 % variable Kosten, so sind 1,82 € (12,10 € × 0,15) pro Sendung Grenzkosten.

Daraus ergeben sich folgende Grenzkostensätze für Produktion und Regie der Sammelgutleistung:

Grenzkostensätze Produktion:	**€ pro Sendung**	**€ per 100 kg**
1. Abholung im Nahverkehr	4,11 €	1,60 €
2. Umschlag (versandseitig)		0,30 €
3. Hauptlauf		0,00 €
4. Umschlag (empfangsseitig)		1,48 €
5. Zustellung im Nahverkehr	7,40 €	1,60 €
Grenzkostensätze Regie:		
6. Sammelgutausgang	1,82 €	
7. Sammelguteingang	12,94 €	
SUMME	**26,27 €**	**4,98 €**

Wie hoch sind jetzt die Grenzkosten pro Sendung?

---

60 Die Gewichtskosten ergeben sich durch Multiplikation des 100 kg-Satzes von 8,20 € mit den entsprechenden Gewichtsfaktoren 4,8 bzw. 6,5.

61 Einer eventuellen Annahme, dass die Kosten im Umschlaglager fix, also konstant sind (Personal und Flurförderzeuge sind sowieso vorhanden, sogenannte „eh da" - Kosten), kann nicht gefolgt werden. Bei schwankendem Sendungsanfall sind auch schwankende Kosten für Personal und Flurförderzeuge zu verzeichnen. Der Wert von 20 Prozent variablen Kosten (sowie bei den Regiekosten weiter unten: 15 Prozent) lässt sich durch regelmäßige betriebliche Analysen ermitteln und verfolgen.

Grenzkosten	Sendung Nr. 1	Sendung Nr. 2
Gewicht	480 kg	650 kg
Kosten pro Sendung	26,27 €	26,27 €
Gewichtskosten	23,90 €	32,37 €
Auftragskosten	50,17 €	58,64 €
Erlöse	65,00 €	85,00 €
Gewinn/Verlust	**14,83 €**	**26,36 €**

Fazit: Es ist also (kurzfristig) das kleinere Übel beide Sendungen anzunehmen, da sie über die durch sie verursachten Grenzkosten hinaus einen erheblichen Beitrag zur Deckung der fixen Kostenblöcke leisten.

Beispiel 4: Kalkulation von Zusatzleistungen

Beispiel

Preisauszeichnung einer Palette mit 800 Verkaufseinheiten [VKE]

Rahmendaten:

- Lohn Lagerarbeiter	21,88 €/Stunde[62]
- Rüstzeit	250 Sekunden
- Klebezeit	3 Sekunden/VKE
- Verteilzeit	20 %
- Etikettenkosten	1,4 Cent/Stück
- Gerätekosten	1,25 €/Stunde
- Verwaltungskostenzuschlag (auf die Lohnkosten)	8 %

Kalkulation:

Rüstzeit		250 Sekunden
+ Klebezeit	800 × 3 sec. =	2.400 Sekunden
= produktive Arbeitszeit		= 2.650 Sekunden
+ Verteilzeit (20 %)		530 Sekunden
= Gesamtzeitbedarf		= 3.180 Sekunden
Lohnkosten	$\frac{3.180\,\text{sec.}}{3.600\,\text{sec.}} \times 21{,}88\,€ =$	19,33 €
+ Etikettenkosten		11,20 €
+ Gerätekosten		1,10 €
+ Verwaltungskostenzuschlag (8 %)		1,55 €
= Gesamtkosten pro Palette		33,18 €

62 Die Lohnkosten basieren auf der vorgenommenen Berechnung in *Kap. 2.6.2* unter Berücksichtigung des Entgelttarifvertrages in Nordbaden-Württemberg.

Neben den bisher vorgestellten „klassischen“ Speditionsleistungen, gewinnt die Kalkulation von Zusatzleistungen, auch Value Added Services genannt, zunehmend an Bedeutung. In der Regel handelt es sich um kundenbezogen individuelle Leistungen, die gesondert zu kalkulieren sind, z. B. die Preisauszeichnung als Zusatzleistung der Kommissionierung (siehe oben).

4.3.4 Zusammenfassung

Für die Auftragskalkulation ist die genaue Kenntnis des Betriebes mit seinen Abteilungen, der Kostenstellenrechnung und der Produktionsverfahren erforderlich. Oft sind noch Details zu berücksichtigen, wie z. B. Sperrigkeiten, besondere Schadensanfälligkeiten, besondere Palettennutzung, besonders schwieriges Handling im Umschlag und ähnliches.

Andere Lkw-Verkehre, andere Verkehrsträger und die Geschäftsbereiche Lagerung bzw. Kommissionierung haben bei den zu kalkulierenden Kostenelementen auch wiederum ihre Besonderheiten. Typisch ist oft das Zusammenstellen von Teilleistungen zu einer Gesamtleistung wie im vorgestellten Beispiel zum Sammelgutverkehr.

4.3.5 Auftragskalkulation bei anderen Verkehrsträgern

Die Anwendung und ausführliche Darstellung der Kostenarten anhand der Fahrzeugkostenkalkulation für einen LKW (vgl. *Kap. 2.7*) liegt nahe, da der LKW für jeden Spediteur und Logistikdienstleister ein unabdingbarer Produktionseinsatzfaktor ist. Schließlich ist er nicht nur der nach wie vor dominante Hauptlaufverkehrsträger im innerdeutschen und europäischen Landverkehr, sondern wird auch bei allen gebrochenen Verkehren im Vor- und Nachlauf von und zu allen anderen Verkehrsträgern eingesetzt. Nicht zuletzt ist die Kenntnis einer Fahrzeugkostenrechnung unabdingbar für Entscheidungen im Rahmen des „Make-or-Buy“, d. h. der Beurteilungsmöglichkeit von Unternehmerpreisen (Fremdbezug) im Vergleich zur eigenen Leistungserstellung. Trotzdem sollen, wenn auch nur in Grundzügen, einige Anmerkungen zur Auftragskalkulation bei bzw. mit anderen Verkehrsträgern erfolgen.

Grundsätzlich ist die Vorgehensweise bei anderen Verkehrsträgern ähnlich der beim LKW, d. h. das für den LKW verwendetet Kalkulationsschema kann prinzipiell auch für die Kalkulation einer Lokomotive und Waggons und damit von Zügen oder Zugteilen, eines Binnen- bzw. Seeschiffs oder eines Flugzeuges, egal ob Fracht oder Passage, verwendet werden, da der Ansatz der Kostenarten identisch ist. Ebenso kann die Vorgehensweise bei der Kalkulation von Flurförderzeugen aller Art, Krananlagen oder Förderbändern zum Einsatz kommen.

Die folgenden Ausführungen beziehen sich auf Eisenbahngüterverkehr und Güter-Binnenschifffahrt, da diese beiden Verkehrsträger Alternativen zum Strassengüterverkehr bieten und in Transportketten des kombinierten Verkehrs einbezogen werden können. Die Kalkulation von Seeschiffen und Flugzeugen macht an dieser Stelle weniger Sinn, da hier kaum die Chance des „Make-or-Buy“ besteht, sondern diese Transportleistungen notwendigerweise in interkontinentalen Transportketten anfallen und von den entsprechenden Carriern eingekauft werden müssen. Damit soll aber nicht ausgeschlossen werden, dass es im europäischen Kurzstreckenseeverkehr („From Road to Sea“) sowohl unter Kosten- wie Zeitaspekten attraktive Alternativen zum reinen Strassentransport gibt.[63]

Bei der Auftragskalkulation im **Schienengüterverkehr** sind i. d. R. folgende Kosten zu kalkulieren:

Die Traktionskosten einer Diesel- oder E-Lok werden nach Einsatzstunden berechnet, d. h. die Einsatzstunden (nicht die zurückgelegte Strecke in Kilometer) bilden das Mengengerüst, die Kosten pro Stunde das Wertgerüst. Diese werden, wie schon ausgeführt, nach einem ähnlichen Kalkulationsschema wie beim LKW errechnet. Dies auch unabhängig davon, ob es sich mit DB Schenker Rail um den nationalen deutschen Carrier oder um ein in- bzw. ausländisches Eisenbahnverkehrsunternehmen (EVU) handelt. Eine Unterteilung der Lokarten in Zuglokomotiven und Rangierloks mit unterschiedlichen Kostensätzen pro Stunde liegt nahe.

Für die eingesetzten Waggons wird üblicherweise eine Wagenmiete pro Arbeitstag und Wagen kalkuliert und verrechnet (vergleichbar der Kalkulation eines Aufliegers/Chassis oder einer Wechselbrücke im Strassengüterverkehr).

Die Trassennutzung als Kostenart „Trasse und Energie“ muss von allen Schienennutzern von der DB Netz AG eingekauft werden und wird auf den Hauptlaufstrecken je nach Zugart zu unterschiedlichen Preisen pro Kilometer verkauft.

Bei den Personalkosten werden ebenfalls die Stunden als Mengengerüst benutzt und unterschiedliche Personalkostensätze für Lokführer, Wagenmeister und Rangierlokführer angesetzt.

Bei Nutzung privater Gleisanschlüsse sind diese selbstverständlich ebenfalls zu kalkulieren, d. h. sowohl einschließlich der kalkulatorischen Abschreibung für die Infra- bzw. Suprastruktur, als auch der eigenen Lokkosten (Diesellok) inklusive Lokführer bis zur Übergabe an das betreffende EVU.

Die folgende Übungsaufgabe soll die dargestellten Sachverhalte an einem konkreten Beispiel veranschaulichen.[64]

Beispiel

Ganzzugverkehr

Ein Eisenbahnverkehrsunternehmen möchte einem Möbelhersteller einen Ganzzug anbieten. Versender A und Empfänger B haben einen Gleisanschluss, der nicht elektrifiziert ist. Im Hauptlauf wird mit E-Lok gefahren, so dass je Fahrt zweimal umgespannt werden muss. Der Zug besteht aus 20 Wagen, das Ladegewicht liegt bei 50 to je Wagen.

[63] Vgl. dazu auch das Anreizmodell „Marco Polo II“ der Europäischen Union (www.ec.europa.eu/marcopolo).

[64] Das nachfolgende Rechenbeispiel sowie *Übungsaufgabe 26* wurde den Verfassern von Herrn Dipl.-Kfm. Matthias Sonntag, DB Schenker Rail, zur Verfügung gestellt.

Als Fahrplan wird vom EVU folgendes angeboten:

Montag	• 6:00 Uhr Abholung beladener Wagen in A • Fahrt nach B • Bereitstellung zur Entladung in B
Dienstag	• Entladung in B
Mittwoch	• 6:00 Uhr Abholung entladener Wagen in B • Fahrt nach A • Bereitstellung zur Beladung in A
Donnerstag	• Beladung in A
Freitag	• 6:00 Uhr Abholung beladener Wagen in A • Fahrt nach B • Bereitstellung zur Entladung in B
Montag	• Entladung in B
Dienstag	• usw.

Der Hauptlauf hat eine Länge von 850 km. Es kann von einer durchschnittlichen Geschwindigkeit von 50 km/h ausgegangen werden. Das Umspannen dauert jeweils 30 Minuten und benötigt je einen Wagenmeister und einen Lokrangierführer*. Für die Bedienung im Nahbereich müssen jeweils 60 Minuten kalkuliert werden. Es wird dafür ein Lokrangierführer benötigt. Aus Vereinfachungsgründen sind Trasse und Energie für den Nahbereich zu vernachlässigen.

Personalkostensatz:	25,00 €/h (Lokführer, Wagenmeister, Lokrangierführer)
Trasse + Energie:	5,00 €/Zug-km (Hauptlauf)
Zuglok:	130,00 €/h
Rangierlok:	70,00 €/h
Wagenmiete:	20,00 €/Arbeitstag und Wagen

* Ein Lokrangierführer kann als Rangierer ebenso wie als Lokführer einer Rangierlok eingesetzt werden.

Beantworten Sie folgende **Fragen**:

a) Wie hoch ist die Preisuntergrenze pro Umlauf, wenn ein Gemeinkostenaufschlag von 20 % berücksichtigt werden soll?
b) Wie hoch ist die Preisuntergrenze je Tonne?

Hinweis:
Die Kosten für die Produktionsressourcen sind grundsätzlich „spitz“ zu kalkulieren. D. h. es wird unterstellt, dass die Ressourcen direkt davor und danach mit anderen Aufträgen beschäftigt sind.

Lösung:

a) Gesamtkosten (Selbstkosten) pro Umlauf:

Zur Ermittlung der Personal- und Betriebsmittelkosten ist in einer Nebenrechnung die Kalkulation der Transportdauer erforderlich:

850 Km ÷ 50 Km/h = 17 h × 2 = 34 h (Transport) + 4 × 0,5 h (Umspannung) = 36 h

- Zuglok:	36 h × 130 €/h =	4.680 €
- Lokführer:	36 h × 25 €/h =	900 €
- Rangierlok:	4 × 1,5 h × 70 €/h =	420 €
- Wagenmeister:	4 × 0,5 h × 25 €/h =	50 €
- Lokrangierführer:	4 × 1,5 h × 25 €/h =	150 €
- Trasse + Energie:	2 × 850 Km × 5 € =	8.500 €
- Wagen:	4 Tage × 20 × 20 €/Tag =	1.600 €
Summe Herstellkosten:		16.300 €
+ 20 % GK-Zuschlag		3.260 €
= Selbstkosten:		**19.560 €**

b) Gesamtkosten (Selbstkosten) pro Tonne:

20 Wagen × 50 to = 1.000 to Ladegewicht pro Zug

$$\frac{19.560\,€}{1.000\,\text{to}} = 19{,}56\,€ \text{ pro Tonne}$$

Auch für die Auftragskalkulation in der **Binnenschifffahrt** wird als Mengengerüst die Zeit und nicht die zurückgelegten Kilometer herangezogen. Dies erklärt sich auch durch die Fahrtgebiete in Europa, die überwiegend aus Fließgewässern bestehen. So beträgt bspw. die Zeitdauer für die Talfahrt eines Schiffes von Mannheim nach Rotterdam/Antwerpen in Continue-Fahrt (d. h. ununterbrochene Fahrt) je nach Fließgeschwindigkeit des Rheins ca. 24 bis 28 Stunden, während für die gleich lange Strecke in der Bergfahrt die doppelte Zeit anzusetzen ist.

Bei der kalkulatorischen Abschreibung ist die lange Nutzungsdauer des „Kaskos" (Schiffskörper inkl. Aufbauten) im Gegensatz zur Antriebsmaschine zu sehen, die i. d. R. aufgrund ihrer geringeren betriebswirtschaftlichen Nutzungsdauer kürzer abgeschrieben wird.[65] Neben den Versicherungskosten (Haftpflicht und Fahrzeug) stellen hier, wie auch beim LKW, die Kosten für Personal und Fortbewegung (Gasölverbrauch) die bedeutendsten Kostenfaktoren dar. Bei den Personalkosten sind die hohen Berufsgenossenschaftsbeiträge aufgrund der

[65] Aus Vereinfachungsgründen ist in dem anschließenden Beispiel eine identische Restnutzungsdauer von Kasko und Maschine unterstellt.

Gefahren in der Binnenschifffahrt besonders zu berücksichtigen. Das vereinfachte Kostenkalkulationsschema eines Binnenschiffes aus Unternehmersicht kann demnach wie folgt dargestellt werden:

- Variable Einsatzkosten
  - variabler Anteil der kalkulatorischen Abschreibung (Abnutzung von Kasko und Maschine)
  - Gasölverbrauch inkl. Schmierstoffzuschlag
  - Reparaturkosten
- Fixe Einsatzkosten
  - Personalkosten inkl. Sozialversicherungsanteile und Berufsgenossenschaft
  - fixer Anteil der kalkulatorischen Abschreibung (Entwertung von Kasko und Maschine)
  - Verzinsung des durchschnittlich eingesetzten Kapitals
  - Schiffsversicherung

Hinzu kommen der kalkulatorische Unternehmerlohn bei einem Partikulier (selbst fahrender Unternehmer) sowie die kalkulatorischen Wagniskosten.

Mit der nachstehenden, vereinfachten Beispielkalkulation eines Jahreskontraktes sollen die vorgenannten Ausführungen veranschaulicht werden. Ähnlich wäre die Vorgehensweise bei der Kalkulation eines größeren, modernen Einraumschiffes oder eines Koppelverbandes (selbst fahrendes Motorgüterschiff plus Leichter/Barge) z. B. im Einsatz von den Oberrheinhäfen zu den Rhein-Mündungshäfen (Antwerpen, Rotterdam, Amsterdam), das im Ergebnis den Kostensatz für eine 20-Fuß-Containereinheit (TEU) bei einer angenommenen durchschnittlichen Auslastung pro Rundreise bzw. Teilstrecke hätte (vgl. hierzu die Fallstudie dieses Kapitels).

✐ *Beispiel*

Binnenschifffahrt

Sie wollen sich als Partikulier an der Ausschreibung eines großen Mannheimer Rohschokoladenherstellers beteiligen. Es geht um den Transport von 60.000 Jahrestonnen Kakaobohnen von Antwerpen nach Mannheim. Ihr Schiff hat eine Tragfähigkeit von 1.200 Tonnen. Ein Rundlauf benötigt eine Woche.
Welchen Preis pro Tonne bieten Sie unter Beachtung folgender Angaben als Preisuntergrenze an:

Bereithaltungskosten:

Ihre zwei Matrosen kosten Sie inklusive Lohnnebenkosten 105.000 € im Jahr, die Versicherungen schlagen mit 17.000 € zu Buche. Für die kalk. Abschreibung (Kasko und Maschine) gehen Sie von einem Zeitwert[66] des Schiffes von 820.000 € und einer Restnut-

[66] Der Zeitwert des Schiffes ist der Wert zum Zeitpunkt der Anschaffung.

zungsdauer von 12,5 Jahren aus. Anschließend erzielen Sie noch einen Schrottwert von 30.000 €. Das Umlaufvermögen kalkulieren Sie mit 20.000 €, der kalk. Zinssatz liegt bei 5,5 %. An sonstigen Kosten setzen Sie 20.000 € an und als kalk. Unternehmerlohn wollen Sie mindestens 42.000 € erzielen.

Fortbewegungskosten:

Der Gasölverbrauch liegt bei durchschnittlich 50 Liter/Stunde, der Preis pro 100 Liter liegt bei derzeit 78,00 €, der Zuschlag für Schmierstoffe wird mit 3 % kalkuliert. Die Bergfahrt dauert in der Regel 56 Stunden, die Talfahrt 26 Stunden. Für Reparaturen müssen Sie mit jährlich ca. 35.000 € rechnen.

Auf die Gesamtkosten kalkulieren Sie noch 5 % Wagniskosten.

Vereinbarungen über Lade- und Löschzeiten sowie Liegegeld werden bei dem regelmäßigen Verkehr nicht getroffen. Eventuell anfallende Kleinwasserzuschläge werden separat berechnet. Die Kosten für Hafengeld sowie für Be- und Entladen gehen zu Lasten des Auftraggebers.

Lösung:

Fixe Kosten der Bereithaltung:

Personalkosten:	105.000 €
Versicherungskosten:	17.000 €
Kalkulatorische Abschreibung:	
820.000 € - 30.000 € = 790.000 € ÷ 12,5 =	63.200 €
Kapitalkosten:	
(AW + RW) ÷ 2 = 425.000 € (AV) + 20.000 € (UV) =	
445.000 € × 5,5 % =	24.475 €
Sonstige Kosten:	20.000 €
Kalkulatorischer Unternehmerlohn:	42.000 €
Summe fixe Kosten:	271.675 €

Variable Kosten der Fortbewegung:

Gasöl:	
56 h + 26 h = 82 h × 50 Wochen = 4.100 h	
4.100 h × 50 Liter = 205.000 Liter × 0,78 €/Liter =	159.900 €
Schmieröl (3 % Zuschlag, unechte Gemeinkosten):	4.797 €
Reparaturen:	35.000 €
Summe variable Kosten:	199.697 €
Summe der variablen und fixen Kosten:	471.372 €

zzgl. 5 % kalkulatorische Wagniskosten:	23.569 €
Gesamtkosten:	494.941 €
Kostensatz pro Tonne:	$\frac{494.941\,\text{EUR}}{60.000\,\text{to}} = 8{,}25\,\text{EUR/to}$

4.4 Kurzfristige Erfolgsrechnung (Kostenträgerzeitrechnung)

Oft stellt man in der Praxis den für die einzelnen Kostenträger kalkulierten Kosten die am Markt erwirtschafteten Erlöse gegenüber. Auf diese Weise ermittelt man Kostenträgerergebnisse, die vor allem eine wichtige Orientierungshilfe für die Beurteilung von Kunden und Leistungsbereichen sind. Hier ist es üblich, nicht auftragsbezogen sondern zeitbezogen, vor allem monatlich, zu kalkulieren.

Die Aufteilung nach Kunden oder Relationen gibt einen detaillierten Einblick in die Erfolgsquellen des Unternehmens. Als Beispiel dienen hier Ladungs- und Partieverkehre, die mit einem eigenen Lkw im Selbsteintritt durchgeführt werden und unter anderem für Vergleichszwecke hinsichtlich der „Make-or-buy-Entscheidung“ genutzt werden können.

Tab. 4.3 und *Tab. 4.4* zeigen zwei mögliche Anwendungen der Kostenträgerzeitrechnung im Rahmen einer Touren- und einer Kundenanalyse.

Tab. 4.3: Monatliche Tourenauswertung

Datum	Tour	Fahrer	Kilometer	var. Kosten (€/km) 0,41	fixe Kosten (€/Tag) 380,00		
Datum	**Tour**	**Fahrer**	**Kilometer**	**var. Kosten**	**Frachtkosten**	**Frachterlös**	**Differenz**
02.01.	System	Müller	250	102,50 €	482,50 €	346,46 €	-136,04 €
05.01.	System	Müller	438	179,58 €	559,58 €	450,44 €	-109,14 €
06.01.	Feiertag		0	0,00 €	0,00 €	0,00 €	0,00 €
07.01.	Charter	Tisch	513	210,33 €	590,33 €	414,60 €	-175,73 €
08.01.	Tour 63	Tisch	611	250,51 €	630,51 €	744,71 €	114,20 €
09.01.	Tour 63	König	637	261,17 €	641,17 €	901,29 €	260,12 €
12.01.	Tour 63	König	512	209,92 €	589,92 €	666,05 €	76,13 €
13.01.	Tour 63	Müller	639	261,99 €	641,99 €	658,55 €	16,56 €
14.01.	Tour 63	Müller	630	258,30 €	638,30 €	658,55 €	20,25 €
15.01.	Tour 63	Müller	636	260,76 €	640,76 €	668,45 €	27,69 €
16.01.	Tour 63	Müller	630	258,30 €	638,30 €	681,63 €	43,33 €
19.01.	System	Heinz	197	80,77 €	460,77 €	649,50 €	188,73 €
20.01.	System	Heinz	181	74,21 €	454,21 €	275,28 €	-178,93 €
21.01.	Tour 63	Tisch	691	283,31 €	663,31 €	650,43 €	-12,88 €
22.01.	Tour 63	Tisch	633	259,53 €	639,53 €	665,43 €	25,90 €
23.01.	Tour 63	Tisch	464	190,24 €	570,24 €	714,65 €	144,41 €
26.01.	System	Müller	261	107,01 €	487,01 €	397,18 €	-89,83 €
27.01.	System	Müller	135	55,35 €	435,35 €	427,00 €	-8,35 €
28.01.	Tour 63	Müller	674	276,34 €	656,34 €	676,53 €	20,19 €
29.01.	Tour 63	Müller	525	215,25 €	595,25 €	664,93 €	69,68 €
30.01.	Charter	Tisch	520	213,20 €	593,20 €	500,91 €	-92,29 €
			9.777	4.008,57 €	11.608,57 €	11.812,57 €	**204,00 €**

Neben der absoluten Erfolgsermittlung können in weiteren Auswertungen Kennzahlen wie bspw. die Rentabilität der Tour oder der erzielte Erlös je Kilometer ermittelt werden (vgl. hierzu auch die Ausführungen in *Kap. 5.1*).

$$\text{Umsatzrentabilität (Januar)} = \frac{204{,}00\,€}{11.812{,}57\,€} = 1{,}73\,\%$$

$$\text{Erlös pro Kilometer} = \frac{204{,}00\,€}{9.777\text{ Km}} = 0{,}02\,€/\text{Km}$$

Tab. 4.4: Monatliche Kundenanalyse

Name Absender:	**Nudelfix**
Zeitraum:	**01.09.-31.12.**

Monat	**September**	**Oktober**	**November**	**Dezember**	**Gesamt**
Sendungen	690	1.221	1.331	1.378	5.809
frachtpflichtiges Gewicht (kg)	254.863	389.946	406.371	462.432	1.793.505
Erlös	28.277 €	50.439 €	55.521 €	58.707 €	243.124 €
Speditionskosten	14.345 €	24.864 €	27.417 €	30.957 €	121.528 €
DB 0	13.932 €	25.575 €	28.104 €	27.750 €	121.596 €
Kosten Hauptlauf	5.718 €	13.841 €	16.090 €	16.708 €	66.466 €
Kosten Nahverkehr	4.235 €	7.040 €	7.429 €	8.197 €	34.123 €
Kosten Umschlag	1.788 €	3.003 €	3.025 €	3.468 €	14.048 €
DB III	2.191 €	1.690 €	1.560 €	-624 €	6.960 €
Dispositionskosten	604 €	1.521 €	1.585 €	1.803 €	6.995 €
Adminkosten	4.851 €	8.755 €	9.495 €	9.976 €	41.488 €
DB IV	-3.265 €	-8.586 €	-9.520 €	-12.404 €	-41.523 €

4.5 Exkurs: Tarifempfehlungen als Kalkulationshilfen

mal anschauen

4.5.1 Kosteninformationssysteme des BDF/BGL

Die Abschaffung der Tarifordnung zum 01.01.1994 beendete die jahrzehntelange obligatorische Tarifregelung im Güterfernverkehrsgewerbe und brachte die freie Preisbildung auch im Strassengüterverkehr. Die Folgen der Tarifaufhebung führten durch die vorhandenen Überkapazitäten zu einem erheblichen Preisdruck gerade in der mittelständischen Verkehrswirtschaft und zu einem starken Anstieg der Insolvenzen in der Folgezeit.

Bereits im Oktober 1993 legte der damalige Bundesverband des Deutschen Güterfernverkehrs (BDF) e. V. als Vorgängerorganisation des heutigen Bundesverbandes Güterkraftverkehr Logistik und Entsorgung (BGL) e. V. ein „Kosteninformationssystem für die leistungsorientierte Kalkulation von Straßengütertransporten" vor. Mit diesem Kosteninformationssystem sollte den Transportunternehmern, aber auch der verladenden Wirtschaft eine „Orientierungshilfe" zur Schaffung von Kosten- und Leistungstransparenz geboten werden. Es wurde das Ziel verfolgt, „Transportunternehmern und den Partnern in der verladenden Wirtschaft zu verdeutlichen, welche Kostenstrukturen den individuellen Leistungsanforderungen der Kundschaft gegenüberstehen und welcher Aufwand insgesamt durch leistungsbezogene Entgelte am Markt abzudecken ist."[67] Zur Datenerhebung wurden die aktuellen Kostendaten von ca. 100 „gut geführten, repräsentativen Betrieben aus dem mittelständischen Gewerbe"[68] herangezogen und ausgewertet.

Inzwischen ist unter der Regie des BGL das Kosteninformationssystem im Umfang stark gewachsen. Nach wie vor ist der Hauptzweck die Hilfestellung bei der Ermittlung unternehmenseigener Kalkulationssätze für den Fahrzeug- und Fahrereinsatz. Daneben werden aber auch Musterfahrzeugkostenrechnungen für verschiedene Fahrzeuge und Fahrzeugkombina-

---

67 *BDF (Hrsg.)*, 1993, S. III.

68 *BDF (Hrsg.)*, 1993, S. IV.

tionen in unterschiedlichen Einsatzbereichen angeboten. Außerdem enthält ein Register auf über 190 Seiten detaillierte Informationen zu den in 33 europäischen Ländern vom Schwerverkehr erhobenen Strassenbenutzungs-, Tunnel-, Brücken- und Fährgebühren.

Die aktuelle Zielsetzung des BGL im Rahmen des Kosteninformationssystems liegt in der Informationsbereitstellung zur Gesamtkostenentwicklung als Grundlage für „Kostenelemente-Klauseln".[69] Durch Vereinbarung dieser Klauseln soll sichergestellt werden, dass das Leistungsentgelt in längerfristigen Verträgen der Entwicklung signifikanter Kostentreiber wie z. B. den Kraftstoffkosten (vgl. „Dieselfloater") oder den Lohnkosten Rechnung trägt.

Der BGL bietet dazu entsprechende Informationen für die Nachweisführung an. So bspw. für den Nachweis der Dieselpreisentwicklung auf der Website *www.bgl-ev.de/web/initiativen/kosten_diesel.htm*. Die jeweiligen Daten stammen aus Erhebungen des Statistischen Bundesamtes in Wiesbaden und werden monatlich aktualisiert. Daneben wird unter der Webadresse *www.bgl-ev.de/web/initiativen/kosten_kalkulator.htm&v=2* allen Interessierten der Zugriff auf den BGL-Kostenentwicklungsrechner ermöglicht. Mit Hilfe dieser Web-Anwendung kann für jeden beliebigen Zeitraum ab 2005 bis heute die Gesamtkostenentwicklung ermittelt werden. Zur Veranschaulichung findet sich im *Anhang 1* ein Beispiel für die „Kostenentwicklung im Güterkraftverkehr – Einsatz im Fernbereich (national)".

4.5.2 Tarif für den Spediteur-Sammelgutverkehr

Bis zum 1. Januar 1994 waren die Preise im gewerblichen Strassengüterverkehr staatlich reglementiert. Die im RKT bzw. im GFT vorgeschriebenen Mindestpreise waren so hoch, dass weder die Notwendigkeit einer eigenen Kalkulation noch der Zwang zur Auslastungsoptimierung bestand. Im Bereich des Stückgutverkehrs waren die obligatorischen Tarife zwar bereits schon vorher gefallen, der damalige Bundesverband Spedition und Logistik (BSL) stellte jedoch mit den sogenannten „Kundensätzen" seinen Mitgliedern Preisempfehlungen und damit quasi einen Tarifersatz zur Verfügung, der die ehemaligen Tarife als Grundlage nahm und fortgeschrieben wurde.

Im Jahr 2000 gründete sich dann innerhalb des Deutschen Speditions- und Logistikverbandes (DSLV) eine „Vereinigung der Sammelgutspediteure" (VERSA) als ein Zusammenschluss von inzwischen über 200 kleinen und mittleren Speditionsunternehmen, die sich im Stückgut- oder Sammelladungsverkehr betätigen. Ziel dieser Vereinigung ist es, durch die Empfehlung von Preisen, Geschäfts- und Zahlungsbedingungen die Wettbewerbsfähigkeit der mittelständischen Sammelgutspediteure zu verbessern.

Zu diesem Zweck hat die Vereinigung ihren Mitgliedern erstmals zum 1. September 2000 den „Tarif für den Spediteursammelgutverkehr" als Abrechnungsgrundlage im Stückgutverkehr empfohlen.[70] Diese unverbindlichen Preisempfehlungen werden auch „Mittelstandsempfehlungen" genannt und sind als Haus-Haus-Tarif im Gegensatz zu ihrem Vorgängertarif mit relativ wenigen Gewichts- und Entfernungsstufen ausgestattet (siehe *Anhang 2*).[71] Neben

---

[69] Vgl. *BGL (Hrsg.)*, 2011, S. 171.

[70] Vgl. www.dslv.org/de/site/23//sn23/page/dslv/index.xml. Ein Beispiel für Tarife im Komplett- und Teilladungsbereich findet sich bei *Fiedler*, 2007, S. 224 und S. 228.

[71] Konzernspeditionen verwenden demgegenüber individuelle Tarife, welche aber in gleicher bzw. ähnlicher Weise (Gewichts-Entfernungs- bzw. Gewichts-Zonen/PLZ-Matrix) aufgebaut sind.

den Haus-Haus-Entgelten enthält der Tarif insbesondere die Auflistung zusätzlicher kostenverursachender Leistungen und Auslagen, Angaben über Mindestgewichte pro Palettenstellplatz sowie von Volumengut und Nebengebühren, wobei bei letzteren insbesondere die Palettentauschgebühren und die Stand- und Wartezeiten sehr große Kostenrelevanz besitzen. Je nach Kunde werden auf das kalkulierte Ergebnis dann Margen in unterschiedlicher Höhe gewährt.

Die Tarifanhebungen der letzten Jahre beruhten im wesentlichen auf den Personalkostensteigerungen, die insbesondere durch die Änderungen des Arbeitszeitgesetzes beeinflusst wurden sowie den gestiegenen Kosten im Sicherheitsbereich. Der Anstieg der Dieselpreise ging nicht in die Preisempfehlungen ein, da die VERSA dafür ihren Mitgliedsunternehmen die Vereinbarung variabler Preisgleitklauseln (Dieselfloater) empfahl. Ebenso fand die Anlastung der Mautgebühren (ab 1.1.2005) keinen Eingang in den Tarif. Zu diesem Zweck hatte die VERSA bereits zum 1. Juni 2003 eine zweite Mittelstandsempfehlung herausgegeben, die als Abrechnungsgrundlage zur Weiterberechnung der LKW-Maut speziell für den Stückgutverkehr erstellt wurde.

Der Nachteil sowohl der BSL-Kundensätze als auch der VERSA-Empfehlungen liegt insbesondere darin, dass sowohl die eigenen Kostenstrukturen, als auch das individuelle Güteraufkommen der verschiedenen Verlader nicht ausreichend berücksichtigt werden. Dies betrifft vor allem die Sendungstrukturen, also Sendungsanzahl, Regelmäßigkeit des Aufkommens, Versandweiten und Sendungsgrößen (Gewicht/Volumen). Vor allem bei kleinen Sendungen über kurze Entfernungen werden die durch diese Sendungen verursachten Kosten (u. a. Abfertigungs-, Dispositions- und Serviceleistungen, Schadensbearbeitung) nicht durch die dafür angegebenen Tarife gedeckt.[72] Umgekehrt ist der Tarif für größere Sendungen zu teuer (siehe *Abb. 4.4*).[73] Hieraus folgt auch, dass durch die Anwendung des Tarifs die Gefahr einer Quersubventionierung nicht nur zwischen den verschiedenen Sendungsgrößen, sondern auch zwischen Kunden besteht.[74] Lösungsmöglichkeiten für diese Problematik sind zum einen die Übergabe von Kleinsendungen (bis 31,5 Kg) an KEP-Dienstleister. Des Weiteren können bei Kleinkunden Minimumpreise (gewichts-/entfernungsbezogen, pauschal) angesetzt, bei Großkunden eine Ausgleichskalkulation durchgeführt werden.

---

72 Vgl. hierzu auch die Gegenüberstellung von Sendungserlösen eines prozessorientierten Tarifs mit Sendungserlösen des VERSA-Sammelguttarifs bei *Lohre/Monning*, 2007, S. 217.

73 Vgl. hierzu auch das Rechenbeispiel zur Verrechnungssatzkalkulation und dessen Interpretation in *Kap. 4.2.3.4.* Mittels der Abbildung werden nur die grundlegenden Zusammenhänge erfasst, ohne eine konkrete Quantifizierung auf der Basis eines Tarifes.

74 Vgl. *Lohre/Monning*, 2011, S. 2.

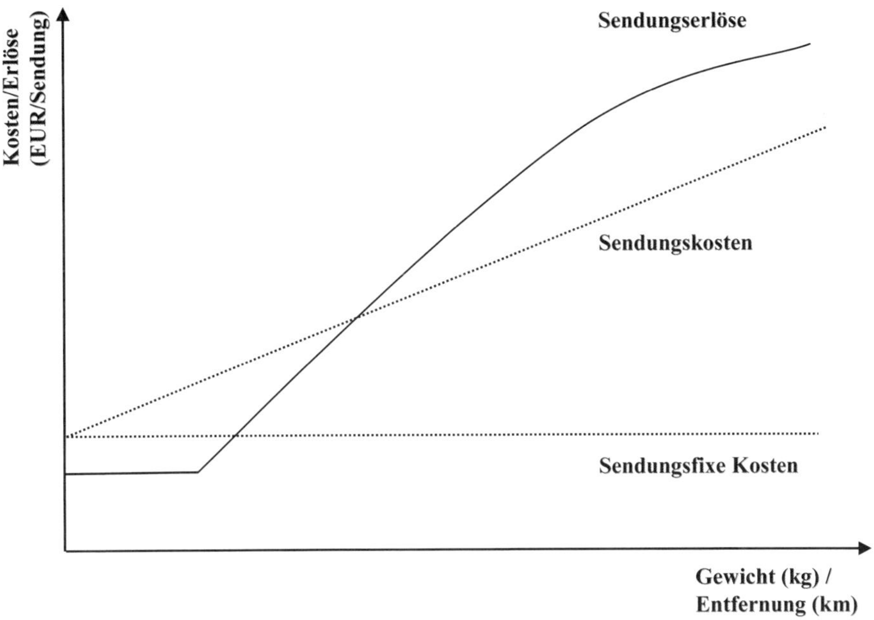

Abb. 4.4: Sendungserlöse vs. -kosten in Abhängigkeit von Gewicht und Entfernung[75]

Diese Nachteile, vor allem aber kartellrechtliche Überlegungen haben die VERSA bewogen die Empfehlungstarife einzustellen. Der Tarif wurde letztmals zum 1. September 2008 veröffentlicht. Das Kartellamt hat zwar die bisherigen Empfehlungspreise akzeptiert, allerdings der Vereinigung aus Gründen des europäischen Kartellrechts nahegelegt, die Systematik zu ändern. Die Landesverbände des DSLV erarbeiten deswegen „Kostenindizes", die die VERSA-Tabellen ersetzen sollen.[76] Als Basis werden für das Stückgutgeschäft typische Kostenarten wie Personalkosten, fixe Sachkosten und Dieselkraftstoff ausgewählt und entsprechend ihres Anteils an den Gesamtkosten gewichtet. Somit wird ein Wert ermittelt, der den durchschnittlichen Kostenanstieg widerspiegelt. Dabei kann es sich auch um eine Spanne handeln, welche die unterschiedlichen Betriebsgrößen und regionale Unterschiede berücksichtigt. Wie von der VERSA-Geschäftsführung angekündigt, wird der Basiswert 100 mit dem Stichtag 31. Dezember 2011 festgelegt. Der erste Vergleichswert wird dann mit dem Stichtag 30. Juni 2012 berechnet. Anschließend ist geplant, die Werte alle sechs Monate fortzuschreiben und alle drei Jahre vollständig neu zu erheben.[77] Damit nähern sich die Kalkulationshilfen des DSLV dem Kosteninformationssystem des BGL (*Kap. 4.5.1*) an.

---

75 Es handelt sich hier um die Darstellung der grundlegenden Zusammenhänge zwischen Sendungserlösen und Sendungskosten ohne eine konkrete Quantifizierung.

76 Vgl. *Lauenroth*, 2011, S.1.

77 Vgl. zu den vorangegangenen Ausführungen *Lauenroth*, 2012, S. 1.

4.6 Kontrollfragen, Übungsaufgaben und Fallstudie V zu Kapitel 4

Fragen zur persönlichen Lernerfolgskontrolle (Kapitel 4)

- *Welche Aufgaben hat die Kostenträgerrechnung?*
- *Was ist ein Kostenträger? Nennen Sie Beispiele.*
- *Wie lautet das Grundprinzip der Divisionskalkulation?*
- *Wozu benötigt man Äquivalenzziffern?*
- *Wie unterscheidet sich die Äquivalenzziffernrechnung von der Divisionskalkulation?*
- *Wozu wird die Zuschlagskalkulation benötigt?*
- *Welche Vorteile hat die Verrechnungssatzkalkulation gegenüber der Zuschlagskalkulation?*
- *Wodurch ist das Schlüsselungsverfahren für die Kuppelproduktion gekennzeichnet?*
- *Welche Fragen müssen im Umfeld einer Auftragskalkulation beantwortet werden?*
- *Wie lautet die Entscheidungsregel für Auftragsannahme oder -ablehnung aus Sicht des Transportunternehmers?*
- *Wie lautet die Make-or-Buy-Entscheidungsregel aus Sicht des Spediteurs?*
- *Wie unterscheiden sich Voll- und Grenzkostenkalkulation bei der Auftragskalkulation?*
- *Wozu dient die Kostenträgerzeitrechnung?*
- *Worin liegt die Bedeutung des BSL-Empfehlungstarifs für die Sammelgutspedition?*
- *Worin liegt die Vorteilhaftigkeit der DSLV-Kostenindizes?*

Übungsaufgaben zum Kapitel 4

19. Für den Hauptlauf einer Sammelguttour liegen Ihnen folgende sendungsbezogene Daten vor:

Sendungs-Nr.	Absendergewicht	Volumen (cbm)
1	350 kg	3,00
2	100 kg	1,50
3	100 kg	2,00
4	400 kg	3,50
5	750 kg	3,00
6	250 kg	1,00
7	300 kg	1,50
8	800 kg	3,00

Kalkulieren Sie mit Hilfe der folgenden Äquivalenzzifferntabelle die Kosten je Sendung absendergewichtsbezogen und einheitsgewichtsbezogen. Die Gesamtkosten liegen bei 350,00 €. Berechnen Sie für beide Fälle auch den jeweiligen 100 kg-Satz.

Basis für den Aufbau der Äquivalenzzifferntabelle (Einheitswerte) ist eine Sendung mit einem Gewicht von 200 kg pro Kubikmeter (Sperrigkeitsfaktor von 1,0).

		cbm/Sendung								
		0,50	**0,75**	**1,00**	**1,50**	**2,00**	**2,50**	**4,00**	**3,50**	**4,00**
Gewicht [in kg] pro Sendung	**100**	1,00	1,50	2,00	3,00	4,00	5,00	6,00	7,00	8,00
	150	0,67	1,00	1,33	2,00	2,67	3,33	4,00	4,67	5,33
	200	0,50	0,75	**1,00**	1,50	2,00	2,50	3,00	3,50	4,00
	250	0,40	0,60	0,80	1,20	1,60	2,00	2,40	2,80	3,20
	300	0,33	0,50	0,67	1,00	1,33	1,67	2,00	2,33	2,67
	350	0,29	0,43	0,57	0,86	1,14	1,43	1,71	2,00	2,29
	400	0,25	0,38	0,50	0,75	1,00	1,25	1,50	1,75	2,00
	450	0,22	0,33	0,44	0,67	0,89	1,11	1,33	1,56	1,78
	500	0,20	0,30	0,40	0,60	0,80	1,00	1,20	1,40	1,60
	550	0,18	0,27	0,36	0,55	0,73	0,91	1,09	1,27	1,45
	600	0,17	0,25	0,33	0,50	0,67	0,83	1,00	1,17	1,33
	650	0,15	0,23	0,31	0,46	0,62	0,77	0,92	1,08	1,23
	700	0,14	0,21	0,29	0,43	0,57	0,71	0,86	1,00	1,14
	750	0,13	0,20	0,27	0,40	0,53	0,67	0,80	0,93	1,07
	800	0,13	0,19	0,25	0,38	0,50	0,63	0,75	0,88	1,00
	850	0,12	0,18	0,24	0,35	0,47	0,59	0,71	0,82	0,94

20. In einer Speditionsniederlassung betragen die IT-Kosten monatlich im Durchschnitt 6.000 €. Die gesamten Produktionskosten aller anderen Kostenstellen (außer IT) betragen 99.000 €. In der Buchhaltung betragen die Produktionskosten 3.800 €, im Sammelguteingang 27.250 €, im Sammelgutausgang 43.200 €. In der Buchhaltung ist ein vollbeschäftigter Mitarbeiter, im Sammelguteingang ein vollbeschäftigter Mitarbeiter und im Sammelgutausgang ein vollbeschäftigter Mitarbeiter und 5 Aushilfen beschäftigt. Im Betrieb sind insgesamt 7,5 Mitarbeiter beschäftigt. Eine Aushilfe arbeitet im Durchschnitt 25 % eines vollbeschäftigten Mitarbeiters.
In der Buchhaltung werden 2.800 Buchungen pro Monat gemacht, im Sammelguteingang 3.600 Sendungen pro Monat und im Sammelgutausgang 5.400 Sendungen pro Monat abgefertigt.

Wie hoch sind die IT-Kosten

a) pro Buchung in der Buchhaltung?
b) pro Sendung im Sammelguteingang?
c) pro Sendung im Sammelgutausgang?

Anmerkung: Berücksichtigen Sie bei der Bearbeitung der Frage unterschiedliche Lösungsmöglichkeiten.

21. Ein Spediteur betreibt ein Blocklager mit einer Lagerfläche von 3.976 m² und 480 m² Gängen. Er lagert in 3 Schichten übereinander nicht überpackte Europaletten für einen Großkunden ein. Pro Europalette rechnet er, um Beschädigungen zu vermeiden, eine Fläche von 1,00 m × 1,40 m = 1,4 m². Das Lager ist zu 85 % durchschnittlich ausgelastet. 60 % der eingelagerten Paletten haben ein Gewicht von 500 kg, 40 % der eingelagerten Paletten haben ein Gewicht von 800 kg.
Die Monatsmiete für das Lager beträgt 15.000 € zzgl. 1.150 € Nebenkosten. Wie hoch sind die Monats-Verrechnungssätze für

a) die Lagerung einer Palette?
b) die Lagerung von 100 kg?

22. Der Wechselbrückenzug, der im Hauptlauf täglich die Linie Mannheim – Köln bedient, pritscht um 21.30 Uhr in Mannheim auf, fährt das Sammelgut nach Köln bis ca. 1.30 Uhr, pritscht um, fährt das Sammelgut von Köln nach Mannheim und pritscht ab bis gegen 6.00 Uhr. Anschließend ab 8.00 Uhr wird das Fahrzeug mit einem anderen Fahrer im Nahverkehr bis 16.00 Uhr eingesetzt. Für den Zug werden zur Hauptlaufbedienung (Mannheim – Köln und Köln – Mannheim) vier Wechselbrücken benötigt.
Die variablen Kosten pro km betragen 0,43 €/km (km-Satz) bei 251 km Entfernung. Die fixen Fahrzeugkosten pro Tag betragen für das Chassis 123,75 €/Tag, für eine Wechselbrücke 8,25 €/Tag. Die Personalkosten für den Fahrer, der die Linie nach/von Köln bedient, betragen 150,00 €/Tag pauschal.
Die Auslastung Mannheim – Köln beträgt im Durchschnitt 12,5 to mit 40,5 Sendungen, die Auslastung Köln – Mannheim 11,2 to mit 38,1 Sendungen durchschnittlich.

a) Wie ist der Hauptlauf zu kalkulieren?

b) Wie verändern sich die Kosten, wenn der Zug auf der Relation Mannheim – Köln mit 13,5 to voll ausgelastet ist und das Aufkommen um weitere 2 Tonnen auf 15,5 to steigt, wobei die Unternehmerkosten bei 275,00 € für 2 Wechselbrücken, minimal 4 Lademeter betragen?

Kalkulieren Sie mit 1 to = 1 Lademeter (LM) und eine Wechselbrücke = 7 LM.

23. Einer Spedition wird um 12.00 Uhr eine Teilpartie nach Dresden angeboten. Das Gewicht der Teilpartie beträgt 4 to (4 LM). Der Kunde ist bereit, für diese Teilpartie 350 € zu bezahlen. Der Disponent hat nach einigen Telefonaten folgende Informationen vorliegen:

Er könnte die Teilpartie am Markt für einen Preis von 300 € verchartern.

Der tägliche Hauptlauf nach Dresden (14 LM) für die Stückgutsendungen ist in der Regel zu 70 % ausgelastet. Der sich daraus ergebende 100 kg-Satz für den Hauptlauf beträgt 4 €. Für die Abholung sind beim Nahverkehr 50 € zu bezahlen. Die Sendung muss in der Niederlassung umgeschlagen werden. Der Satz für den Lagerumschlag beträgt 1,20 € pro 100 kg. Der variable Anteil der Lagerkosten liegt bei 25 %. Für die Zustellung sind beim Empfangshaus 90 € zu zahlen, die Verwaltungskostenpauschale beträgt 25 €.

Welche Entscheidung sollte der Disponent treffen, um den größtmöglichen Nutzen aus dem Geschäft zu ziehen?

24. Die Güter eines Versenders werden auf Europaletten geliefert. Es handelt sich um Kartonware mit einem Gewicht von 20 kg pro Karton. Jeweils 32 Karton befinden sich auf einer Europalette. Manche der Empfänger können aus technischen Gründen nur mit größeren Paletten beliefert werden. Diese Paletten fassen jeweils 40 Karton. Die größeren Paletten werden vom Empfänger gestellt. Beim Umpalettieren von den Europaletten auf die größeren Paletten erreichen die damit beschäftigten Lagerarbeiter bei diesen Paketen eine Stundenleistung von 1.800 kg pro Person.

a) Wie kann diese Stundenleistung festgestellt werden?
b) Wie ist diese Nebenleistung bei einem Kostensatz von 30,00 € pro Stunde inkl. aller Gemeinkosten zu kalkulieren?
c) Was fehlt?

25. Im Weihnachtsgeschäft muss ein Logistik-Dienstleister (LDL) für seinen Lebensmittel-Kunden neben den üblichen Lager- und Kommissioniertätigkeiten auch Displays für Aktionsware bauen. Zur Kalkulation dieser Sonderleistung sind dem LDL folgende Informationen bekannt:
Der Aufbau eines Displays (werden vom Kunden gestellt) dauert drei Minuten. Jedes Display muss mit 95 Tüten Erdnussbergen befüllt werden. Aufgrund von Zeitaufnahmen ist bekannt, dass ein Mitarbeiter pro Tüte durchschnittlich 4,3 Sekunden dafür benötigt sowie 20 % Verteilzeit zu berücksichtigen sind. Jedes fertige Display ist manuell zu fo-

lieren. Ein Mitarbeiter benötigt dafür 1,2 Minuten. Eine Rolle Folien (Einkaufspreis: 0,70 €) reicht für 8 Displays. Insgesamt stehen 100 Gitterboxen mit jeweils 1.000 Tüten für den Displaybau zur Verfügung. Die Bereitstellung einer Gitterbox dauert 5 Minuten (Kosten für Stapler oder Hubwagen bleiben hier unberücksichtigt). Überzählige Tüten werden mit dem nächsten Auftrag verarbeitet.

Berechnen Sie für den Kunden einen Stückpreis pro Display unter Berücksichtigung der eigenen Lohn- (35,50 € pro Mitarbeiterstunde) und Materialkosten sowie eines Gewinnzuschlages von 8 %.

26. Ein Stahlhändler möchte wissen, ob der Transport von wöchentlich 950 to Stahlträgern auf der Schiene für ihn günstiger ist, als der Transport auf der Strasse.
Der Straßendirekttransport kostet ihn bisher pro Ladung (25 to) 1.050 €. Der Stahlhändler verfügt über einen eigenen Gleisanschluss, den er linear noch weitere sieben Jahre mit jährlich 150.000 € abschreibt. Über den Gleisanschluss gehen pro Jahr 200.000 to Stahl. Die Nutzung dieses Gleisanschlusses für die Transporte würde zusätzliche jährliche Wartungsaufwendungen von 7.500 € verursachen. Sein Kunde hat keinen Gleisanschluss. 50 km entfernt gibt es aber einen Railport, der den Umschlag übernehmen kann. Für den Umschlag berechnet der Railport-Betreiber 2 € pro Tonne und für den Nachlauf per Lkw weitere 200 € pro Lkw-Sendung. Der Rundlauf des Zuges kostet 29.000 €.

    Lohnt sich für den Stahlhändler der Umstieg auf die Schiene?

27. Ein Spediteur erhält von einem Kunden den Auftrag, täglich folgende Sammelgutsendungen zu übernehmen:

    Sendung A: 90 kg, 140 km
    Sendung B: 320 kg, 162 km
    Sendung C: 380 kg, 670 km

    Mit welcher maximalen Marge könnte der Spediteur nach dem Tarif für den Spediteur-Sammelgutverkehr, unter Berücksichtigung von 5 % Gewinn, die Sendungen („im Paket") anbieten.

    Berücksichtigen Sie dabei, das folgende Kosten anfallen:

Sendung	Vorlauf (pro Sdg.)	Umschlag (pro 100 kg)	Hauptlauf (pro 100 kg)	Nachlauf (pro Sdg.)	Verwaltung (pro Sdg.)
A	9,00 €	2,90 €	3,00 €	11,00 €	25,00 €
B	15,00 €	2,90 €	3,25 €	17,00 €	25,00 €
C	17,00 €	2,90 €	9,50 €	23,00 €	25,00 €

    Bitte entnehmen Sie die für die Kalkulation der Sammelgutsendungen notwendigen Haus-Haus-Entgelte dem Tarifauszug im *Anhang 2*.

Fallstudie V zum Kapitel 4:
Kalkulation eines Containerschiffes (Rundlauf)

Das nachfolgende Datenblatt zeigt die relevanten Kalkulationsangaben für ein Großraumschiff (110 m × 11,40 m / 2.800 to), das im Container-Rundlaufverkehr zwischen Mannheim und Antwerpen von einer Binnenschifffahrts-Reederei eingesetzt wird.
Das Schiff benötigt in der Continue-Fahrt (Fahrt ohne Unterbrechung) zwei Schiffsführer, einen Steuermann mit Patent und einen Matrosen. Bei einem Ablösesystem von 1:1 (2 Wochen an Bord, 2 Wochen frei) benötigen Sie demnach zwei Besatzungen.
Bitte beachten Sie, dass es sich bei der Aufgabenstellung um eine vereinfachende Darstellung handelt und die angegebenen Zahlen von den tatsächlichen Daten abweichen können. So kann z. B. ein holländisches Schiff sehr günstige Refinanzierungskosten haben, geringere oder gar keine Berufsgenossenschaftsbeiträge zahlen und/oder direkte Subventionen vom Staat erhalten.

Kalkulieren Sie auf Basis der folgenden Daten die variablen Kosten pro Jahr, die fixen Kosten pro Jahr und die Kosten für ein TEU (20-Fuß-Container) im Rundlauf. Die Auslastung liegt jeweils bei 70 %. Eine Unterscheidung zwischen leeren und beladenen Containern erfolgt nicht.

Baujahr:	1998
Stellplatzkapazität:	204 TEU
Nutzungsdauer Kasko:	30 Jahre
Nutzungsdauer Maschine:	20 Jahre
Einsatztage pro Jahr:	350 Tage
Fahrtmodus: Continue-Fahrt (5 Tage à 24 h, 2 Tage Laden/Löschen = ein Rundlauf)	
AW Kasko (angenommener Zeitwert):	1.800.000 €
AW Maschine (angenommener Zeitwert):	200.000 €
Preissteigerung/Jahr für Kasko und Maschine:	1,5 %
RW Kasko:	300.000 €
RW Maschine:	25.000 €
Aufteilung Abschreibung Kasko und Maschine:	Abnutzung: 70% / Entwertung: 30 %
Kalkulatorischer Zins:	8 %
(ein gesonderter Ansatz von Kapitalkosten für das Umlaufvermögen erfolgt nicht)	
Personalkosten (inkl. Fortbildung, Überstunden und Spesen):	440.000 €
Schiffsversicherung:	35.000 €
Reparaturen:	35.000 €
Schiffs-Attest-Verlängerung und Motoren-Revision alle 5 Jahre:	250.000 €
Gasölverbrauch: 16.000 Liter pro Rundreise (Mannheim – Antwerpen – Mannheim)	
Gasölpreis:	0,78 €/Liter
Sonstige Kosten:	30.000 €
Kalkulatorische Wagniskosten:	3 %-Zuschlag auf die variablen und fixen Kosten

5 Kennzahlen und Benchmarks für das Controlling der Leistungserstellung in der Spedition

5.1 Kennzahlen

5.1.1 Funktion und Arten von Kennzahlen

Kennzahlen kommt im operativen Controlling eine hervorgehobene Bedeutung zu. Unter Kennzahlen werden in diesem Zusammenhang solche Zahlen verstanden, die quantifizierbare betriebswirtschaftliche Zusammenhänge in konzentrierter Form erfassen und darstellen.

Die Einsatzmöglichkeiten von Kennzahlen sind zahlreich. Die wichtigsten Funktionen für die Spedition liegen jedoch in der Steuerung einerseits und in der Analyse andererseits. Die Steuerungsfunktion von Kennzahlen lässt sich in Planungs- und Kontrollaufgaben differenzieren. D. h., Kennzahlen werden zuerst zur Vorgabe eines bestimmten Ziels genutzt, um im zweiten Schritt dann hinsichtlich des Zielerreichungsgrades (Kontrolle) einen Vergleich durchführen zu können (Soll-Ist-Vergleich).[78] Neben der Kennzahlenverwendung bei den permanent anfallenden Steuerungsaufgaben spielen Kennzahlen dann eine wesentliche Rolle, wenn fallweise Abweichungsanalysen durchgeführt werden, um Schwachstellen aufzudecken oder Rationalisierungspotenziale zu erkennen.[79]

Kennzahlen lassen sich in **absolute** und **relative Zahlen** (Verhältniszahlen) differenzieren. Absolute Zahlen basieren auf Mengen- (z. B. durchschnittlicher Lagerbestand) oder Wertgrößen (z. B. Personalkosten der Mitarbeiter im U-Lager) und können Einzelwerte, Summen oder Differenzen sein. Der Aussage- und Erkenntniswert absoluter Kennzahlen ist jedoch begrenzt. Hierfür sind Verhältniszahlen geeigneter. Verhältniszahlen bilden einen Quotienten aus zwei absoluten Kennzahlen, die in einer sachlogischen Verbindung stehen. Hierbei kann unterschieden werden in:

- Gliederungszahlen

Gliederungszahlen stellen ungleichrangige aber gleichartige Größen in einen Zusammenhang, d. h. eine Teilmenge wird zur Gesamtmenge in Beziehung gesetzt (z. B. Anteil der Personalkosten an den Gesamtkosten im betrachteten Zeitraum [in %]).

---

78 Mit der Kontrollfunktion von Kennzahlen in Speditionen hat sich umfassend KLEIN auseinandergesetzt. Vgl. *Klein*, 1980, S. 41 ff.

79 Vgl. hierzu auch *Lohre/Baumann*, 2007, S. 104, die speditionsbezogene Beispiele für die konkrete Ausgestaltung der unterschiedlichen Funktionen von Kennzahlen geben.

- Beziehungszahlen

Beziehungszahlen stellen ungleichartige aber gleichrangige Größen in einen Zusammenhang, sofern eine logische Beziehung besteht (z. B. die Relation zwischen den Gesamtkosten des Umschlages bezogen auf das umgeschlagene Gewicht zur Bildung des 100 kg-Satzes). Durch den Einsatz von Beziehungszahlen werden die Möglichkeiten zur Kennzahlenbildung umfassend erweitert.

- Indexzahlen

Indexzahlen bilden die Basis für Zeitreihenvergleiche. D. h., Kennzahlen für einen Untersuchungszeitraum werden in Relation zu einem Basiszeitraum gesetzt, dessen Wert man i. d. R. mit 1 oder 100 indiziert. Ergebnis ist aufgrund der Gleichartigkeit und Gleichrangigkeit der eingesetzten Werte eine dimensionslose Kennzahl (z. B. Umsatzentwicklung auf der Transportrelation Mannheim – München im Jahr 2012 im Vergleich zur Umsatzentwicklung auf der Transportrelation Mannheim – München im Basisjahr 2010). Bei identischen Werten für Analyse- und Basisjahr nimmt der Index den Wert 1,0 oder 100 (je nach Skalierung) an. Weichen die Werte des Analysejahres vom Basisjahr nach oben ab, steigt der Index (> 1,0 bzw. 100), anderenfalls sinkt er (<1,0 bzw. 100).

5.1.2 Kennzahlensysteme

Der Aussagegehalt einer oder einiger weniger, lose nebeneinander stehender Kennzahlen ist äußerst begrenzt. Daher ist es wesentlich, die Vielzahl an generierbaren Kennzahlen in eine geordnete Struktur zu bringen. Hierfür gibt es grundsätzlich drei Möglichkeiten: die Rechensystematik, die Ordnungssystematik und die zielbezogene Systematik.

Die vom Unternehmen Du Pont entwickelte rechenbezogene Systematik stellt das klassische Kennzahlensystem dar und basiert auf der Verknüpfung der einzelnen Kennzahlen durch mathematische Operatoren. Spitzenkennzahl ist der Return on Investment (Kapitalrendite). Jedoch lassen sich mit dieser vergangenheitsbezogenen, finanzlastigen Systematik nicht alle für die Spedition bedeutsamen Dimensionen (u. a. Produktivität und Qualität) analysieren und steuern.

Die zweite, ordnungsbezogene Systematik verzichtet auf mathematische Verknüpfungen sondern strukturiert lediglich die Kennzahlen sinnvoll. Erwähnt werden soll an dieser Stelle die weit verbreitete Kennzahlensystematik von SCHULTE.[80] Folgende Kennzahlendimensionen werden dort verwendet:

Struktur- und Rahmenkennzahlen bilden wesentliche Randdaten des betrachteten Systems, häufig mit absoluten Zahlen (z. B. Kapazitätsangaben zu Equipment und Personal), ab und sind ein zentraler Input für die folgenden Kennzahlendimensionen.

Produktivitätskennzahlen messen die Produktivität des Inputfaktors Personal (gewerbliche/administrative Mitarbeiter) bzw. die Produktivität von mobilen und immobilen technischen Einrichtungen (z. B. Flurförderzeuge, automatische Lagersysteme).

Wirtschaftlichkeitskennzahlen setzen – als Beziehungskennzahlen – Kosten in Relation zu bestimmten Leistungsgrößen. Ein typisches Beispiel hierfür ist der 100 kg-Satz im Umschlaglager.

---

80 Vgl. *Schulte*, 2009, S. 640.

Qualitätskennzahlen dienen dazu zu messen und zu beurteilen, in welchem Umfang vorgegebene Qualitätsziele (z. B. Schadensquote, Retourenquote) erreicht werden. In der Regel handelt es sich um Gliederungskennzahlen, für die ein Prozentwert ermittelt wird.

Bei der zielbezogenen Strukturierung geht das Kennzahlensystem von sogenannten Ober- oder Spitzenkennzahlen aus, welche für das Erreichen der Unternehmensziele von besonderer Bedeutung sind. So können beispielsweise hohe Leistungswerte und geringe Kosten in der Spedition als Oberziele des Kennzahlensystems postuliert werden, welche wiederum über Vorgaben bei Qualitäts-, Produktivitäts- und Wirtschaftlichkeitskennzahlen (Kostenkennzahlen) erreicht werden.[81] Verknüpft man schließlich die Leistungs- und Kostenkennzahl (Output durch Input), erhält man als Spitzenkennzahl die Effizienz des betrachteten Systems, welche in Speditionen u. a. für die Steuerung und den Vergleich einzelner Niederlassungen genutzt werden kann.[82]

5.1.3 Kennzahlen und Kennzahlensysteme für die Spedition

Kennzahlen werden in Speditionen in vielfältiger Weise erfasst. Von zentraler Bedeutung sind einerseits Finanzkennzahlen, die im Zusammenhang mit der Wertentwicklung des Unternehmens stehen, andererseits operative, mengenorientierte Kennzahlen, die eine Aussage zur Entwicklung der Performance der Spedition erlauben.[83]
Die relevanten Finanzkennzahlen lassen sich weitestgehend aus den vorhandene Daten des deckungsbeitragsorientierten BAB generieren. Wesentlich sind hierbei:

- Umsatzerlöse
- Speditionsaufwand
- Rohertrag bzw. Bruttospeditionserlös bzw. Bruttonutzen (DB 0)
- Personalkosten
- EBIT (operatives Ergebnis)

Folgende Kennzahlen werden daraus u. a. gebildet:

$$\text{Rohertragsmarge} = \frac{\text{Rohertrag}}{\text{Umsatzerlöse}} \ [\text{in }\%]$$

$$\text{Rohertragsrendite} = \frac{\text{EBIT}}{\text{Rohertrag}} \ [\text{in }\%]$$

$$\text{Personalkostenintensität} = \frac{\text{Personalkosten}}{\text{Rohertrag}} \ [\text{in }\%]$$

81 Insofern ist eine Weiterentwicklung des Kennzahlensystems von SCHULTE zu einer zielbezogenen Kennzahlensystematik möglich.

82 Vgl. hierzu die Abbildung bei *Lohre/Baumann*, 2007, S. 117.

83 Vgl. zu den folgenden Ausführungen das Kennzahlensystem bei *Lenz*, 2004, S. 170.

Die hervorzuhebende Bedeutung des Rohertrages wird ersichtlich, da sich aus dieser Größe das tatsächliche Leistungspotenzial einer Spedition, nach Abzug der externen oder internen Fremdleistungen (z. B. Rückrechnung), ableiten lässt.[84]
Für die Bildung operativer, mengenorientierter Kennzahlen sind folgende Basisdaten relevant:

- Sendungsanzahl
- Tonnage
- Personaleinsatz (Anzahl Mitarbeiter, Mitarbeiterstunden)

Aus diesen Daten lassen sich u. a. folgende, relevante Kennzahlen bilden:

$$\text{Ø Sendungsgewicht} = \frac{\text{Tonnage}}{\text{Sendungsanzahl}} \text{ [kg/Sdg.]}$$

$$\text{Mitarbeiterproduktivität (operativ)} = \frac{\text{bewegte Tonnage}}{\text{Mtarbeiterstunden}} \text{ [to/h]}$$

$$\text{Mitarbeiterproduktivität (administrativ)} = \frac{\text{bearbeitete Sendungen}}{\text{Mtarbeiterstunden}} \text{ [Sdg./h]}$$

Mittels dieser Kennzahlen erhält man Informationen zur operativen Leistungsfähigkeit der Spedition und ggf. erforderlichem Anpassungsbedarf (z. B. bei Veränderungen der Sendungsstruktur).
Verknüpft man finanz- und mengenorientierte Basisdaten, kann man weitere, für die Spedition wichtige Kennzahlen erzeugen, z. B.:

- Umsatzerlös pro Sendung
- Personalkosten pro 100 kg

Will man speziell die operativen Kennzahlen weiter strukturieren, bieten sich aufgrund ihrer Praktikabilität die o. g. Kennzahlensystematik von SCHULTE an. Dazu kann man die einzelnen Kennzahlendimensionen mit den Wertschöpfungsprozessen der Spedition, z. B. bei Sammelgutverkehren, verbinden.[85]

---

[84] Nicht betrachtet werden an dieser Stelle wertorientierte Kennziffern wie ROCE oder CFROI, welche der Spedition weitergehende Analyse- und Steuerungsmöglichkeiten bieten. Vgl. hierzu vertiefend *Schwolgin*, 2007, S. 308 ff.

[85] SCHNEIDER entwickelt auf der Basis dieser Kennzahlensystematik Kennzahlen für die See- und Luftfracht, ohne allerdings die jeweilige Wertschöpfungskette zu segmentieren. Vgl. *Schneider*, 2004, S. 179.

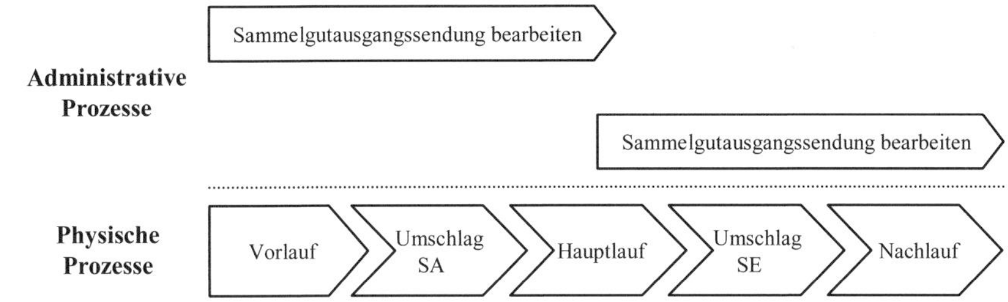

Abb. 5.1: Prozessstruktur bei Systemverkehren[86]

Ergebnis ist eine Kennzahlenmatrix, deren einzelne Felder mit relevanten Kennzahlen gefüllt werden können.

Tab. 5.1: Kennzahlenmatrix für Systemverkehre[87]

	Vorlauf	Umschlag SA	Admin. SA	Hauptlauf	Umschlag SE	Admin. SE	Nachlauf
Struktur-kennzahlen	Abholstopps Ausgangs-sendungen ...	Umschlagfläche (in m^2) Anzahl Colli ...	Anteil DFÜ-Sendungen zu disponie-rende Touren ...	Tonnage Relationen ...	Umschlagfläche (in m^2) Anzahl Colli ...	Eingangs-borderos zu disponie-rende Touren ...	Zustellstopps Eingangs-sendungen ...
Kosten-kennzahlen	€/100 kg €/Abhol-stopp ...	€/100 kg €/Sendung ...	€/Sendungs-erfassung €/disponierter Sendung ...	€/100 kg €/Lademeter ...	€/100 kg €/Sendung ...	€/disponierter Sendung €/Eingangs-bordero ...	€/100 kg €/Zustell-stopp ...
Produktivitäts-kennzahlen	Abhol-stopps/ Fahrzeug Sendungen/ Fahrzeug ...	Kg/Mitarbeiter-stunde Colli/Mitarbeiter-stunde ...	erfasste Sendungen/ Mitarbeiter-stunde disponierte Touren/ Disponent ...	Kg/Fahrzeug Paletten/ Fahrzeug ...	Kg/Mitarbeiter-stunde Colli/Mitarbeiter-stunde ...	Eingangs-sendungen/ Mitarbeiter disponierte Touren/ Disponent ...	Zustell-stopps/ Fahrzeug Sendungen/ Fahrzeug ...
Qualitäts-kennzahlen	Abholquote Verlust-quote ...	Fehlverladungs-quote Beschädigungs-quote ...	Fehlerfassungs-quote Routingfehler-quote ...	Abfahrts-quote Ankunfts-quote ...	Beschädigungs-quote Verstapelungs-quote ...	Fehlerquote Entlade-berichte fehlende Zustell-quittungen ...	Zustellquote Verlust-quote ...

[86] Abbildung mit geringfügigen Änderungen entnommen aus *Hartmann/Lohre*, 2004, S. 191.
[87] Abbildung mit Anpassungen entnommen aus *Lohre/Baumann*, 2007, S. 113.

5.2 Benchmarks

Unter Benchmarking kann ganz allgemein eine objektive, vergleichende Bewertung von Leistungskennwerten von organisatorischen Strukturen mit Hilfe von Indikatoren verstanden werden.[88] In engerem betriebswirtschaftlichem Sinne steht Benchmarking für einen Prozess, in dem permanent nach Verbesserungen von Methoden, Produkten und Abläufen gesucht wird (Suche nach „Best Practices“). Um über einen reinen Kennzahlenvergleich hinaus beim Benchmarking Verbesserungsmöglichkeiten zu erarbeiten, werden quantitative und qualitative Methoden kombiniert.[89]

- Im ersten, quantitativen Teil werden die Prozessabläufe und Praktiken mit Hilfe von Kennzahlen erfasst und bewertet (vgl. *Kap. 5.1.3*)
- Im zweiten, qualitativen Teil werden die Prozesse und Praktiken, die hinter den Kennzahlen stehen, analysiert und möglichen Verbesserungen eingeleitet.

Für den ersten, quantitativen Teil kann man bezüglich der Datenherkunft drei verschiedene Varianten unterscheiden:[90]

Internes Benchmarking: Hier geht es um Vergleiche zwischen verschiedenen Betriebs- und Geschäftseinheiten eines Unternehmens. In Speditions- und Logistikunternehmen z. B. um den Vergleich von Lagerei, Fuhrpark und Umschlagsbetrieb, Fehler- und Schadensquoten bei der speditionellen Abwicklung oder um die Gegenüberstellung von Laufzeiten auf unterschiedlichen Relationen.

Wettbewerbs-Benchmarking: Hier wird zwischen direkten Konkurrenten verglichen. Bspw. Praktiken bei der Sendungsverfolgung, Einsatz von Leistungsanreizsystemen für Lagerarbeiter oder Fahrer, Vorgehensweise bei der Kundenakquise oder Art der eingesetzten Datenverarbeitungssysteme.

Generisches Benchmarking: Hier werden Prozesse und Abläufe über Unternehmens- und Branchengrenzen hinweg verglichen. Dahinter steht die Überlegung, dass auch bei nicht vergleichbar erscheinenden Branchen innovative und unkonventionelle Verbesserungsmöglichkeiten gefunden werden können. Als Objekte für ein generisches Benchmarking eignen sich etwa Prozesse und Abläufe, die nicht nur bei Logistikdienstleistern, sondern auch in vielen anderen Branchen vorkommen, wie zum Beispiel: Auftragsannahme, Lagern und Umschlagen, aber auch Reklamations- und Schadensbearbeitung sowie Kundenverlustanalysen.

Bei allen drei Varianten besteht allerdings die Gefahr, dass „Äpfel mit Birnen“ verglichen werden.

Werden speditionelle Kennzahlen herangezogen wie die operative oder administrative Mitarbeiterproduktivität als Quotient aus bewegter Tonnage und Mitarbeiterstunden (to/h) bzw. aus bearbeiteten Sendungen und Mitarbeiterstunden (Sdg./h), spielen natürlich die Sendungsstrukturen, also Durchschnittsgewicht pro Sendung bzw. das Volumen der Sendungen eine entscheidende Rolle. Beim Vergleich von Schadensquoten sind unterschiedliche Sperrigkeiten und Empfindlichkeiten sowie Verpackungsarten zu berücksichtigen. Werden ungleiche

---

88 Vgl. *Berens*, 1997, S. 61.
89 Vgl. *Krupp*, 2004, S. 229.
90 Vgl. *Krupp*, 2004, S. 229–230.

Sendungsstrukturen zwischen einzelnen Niederlassungen oder Geschäftsstellen verglichen, führt dies zwangsläufig zu falschen Signalen. Vergleicht man Umschlagskennzahlen von tendenziell schweren Gütern aus dem Lebensmittelbereich mit denen aus konventionellem „durchschnittlichen Kaufmannsgut" im Sammelladungsverkehr oder sogar Volumengütern aus dem Verpackungs- oder Hygienebereich, führt das zu Fehlentscheidungen. Genau das gleiche gilt für den Vergleich von Tonnage- und Auslastungskennzahlen im Transportbereich.

Ebenso müssen unterschiedlich Lagerstrukturen und -typen beachtet werden. Ältere Umschlagslager sind durch ein ungünstiges Layout gekennzeichnet (schmale Grundflächen, geringe Verkehrsflächen, hinderliche Träger und Stützen). Den damit verbundenen längeren Fahrwegen der Stapler und höherem Personaleinsatz stehen aber geringere Flächenkosten (Mieten oder Konzernverrechnungen) gegenüber. Moderne Lager wiederum haben geringere Flurförder- und Personalkosten, aber höhere Flächenkosten.

Im Sammelgutvor- und -nachlauf spielt das jeweilige Einzugs- bzw. Verteilgebiet beim Benchmarking eine wesentliche Rolle. Die Kennzahlen, die sich aus der Analyse eines Sammel- und Verteilgebiets eines Ballungsraumes ergeben, können nicht mit den Zahlen einer Niederlassung verglichen werden, die ein Flächengebiet bedient.

Somit wird deutlich, dass die der Analyse zugrunde liegenden Kennzahlen bei einem Vergleich unbedingt einer gründlichen Interpretation und Plausibilisierung unterzogen und unterschiedliche individuelle Rahmenbedingungen berücksichtigt werden müssen. So kann ein Lager, das im absoluten Vergleich ein unbefriedigendes Ergebnis zeigt, unter Berücksichtigung seiner spezifischen Rahmenbedingungen und Aufgaben durchaus eine sehr gute Leistung erbringen.

5.3 Kontrollfragen und Übungsaufgaben zu Kapitel 5

Fragen zur persönlichen Lernerfolgskontrolle (Kapitel 5)

- *Nennen Sie Funktionen von Kennzahlen.*
- *Welche Arten von Kennzahlen gibt es?*
- *Nach welchen Systematiken können Sie ein Kennzahlensystem strukturieren?*
- *Welches sind die Kennzahlendimensionen im System von SCHULTE?*
- *Nennen und erläutern Sie relevante Finanzkennzahlen in der Spedition?*
- *Nennen und erläutern Sie relevante mengenbezogene Kennzahlen in der Spedition?*
- *Erläutern Sie die unterschiedlichen Benchmarking-Varianten.*
- *Welche Gefahren sind mit dem Benchmarking-Einsatz in der speditionellen Praxis verbunden?*

Übungsaufgaben zum Kapitel 5

28. Ermitteln Sie auf Basis der Daten des Teilkosten-BAB (*Tab 3.5*, S. 82) folgende Kennzahlen für den Sammelguteingang und -ausgang:
    - Rohertragsmarge
    - Erlös per 100 kg

29. Ermitteln Sie auf Basis der Daten der monatlichen Kundenanalyse (*Tab 4.4*, S. 118) für die Monate September bis Dezember folgende Kennzahlen:
    - Erlös/Sendung
    - Erlös/Sendung, indiziert (September = 100)
    - Erlös per 100 kg
    - NV-Kosten per 100 kg
    - Rohertragsmarge
    - DB III-Marge

    Welche Erkenntnisse lassen sich aus den Kennzahlen ableiten?

6 Kostenrechnungssysteme im speditionellen Einsatz

6.1 Ist- und Plankostenrechnung

Die **Istkostenrechnung** ist die traditionelle Form der Kostenrechnung. In der Istkostenrechnung werden die tatsächlich angefallenen Kosten einer Abrechnungsperiode (Ist-Verbrauchsmengen × Ist-Preise) verrechnet. Jedoch gibt es die Istkostenrechnung nicht in Reinform, da immer auch Kostenarten mit Durchschnittscharakter (z. B. die Umlage von Urlaubs- und Weihnachtsgeld mit 1/12 auf den einzelnen Monat) oder Plancharakter (z. B. Versicherungsprämien, die im Voraus gezahlt werden müssen) berücksichtigt werden.

Bedeutung hat die Istkostenrechnung vor allem für die Nachkalkulation, da nur auf diesem Weg die tatsächlichen Kosten der erstellten Leistungen ermittelt werden können. Wesentlicher Nachteil ist jedoch die fehlende Möglichkeit zur Kostenkontrolle, da keine Sollkosten als Vorgabe- bzw. Vergleichswerte vorliegen.

Dieses Problem löst erst die Kombination einer Istkosten- mit einer **Plankostenrechnung**. Plankosten ergeben sich auf der Basis geplanter Mengen (z. B. Personaleinsatz) und Preise (z. B. Personalkosten) von Produktionsfaktoren. In Speditionen wird im Zuge der Budgetierung ein Plan-Betriebsabrechnungsbogen für das Folgejahr aufgestellt. Dieser bietet dann die Basis dafür, um Plan-Ist-Vergleiche durchzuführen, Abweichungen aufzudecken und ggf. Anpassungsmaßnahmen umzusetzen.

6.2 Voll- und Teilkostenrechnung

Im Speditions-BAB ist es üblich, mit Vollkosten zu rechnen. In der **Vollkostenrechnung** werden von den Erlösen alle Kosten abgezogen, so dass sich als Saldo ein kalkulatorischer Gewinn bzw. Verlust ergibt. Jedoch sind mit dem Einsatz der Vollkostenrechnung die schon im *Kap. 3.7* thematisierten Schlüsselungsprobleme verbunden, die zu Fehlbeurteilungen einzelner Kostenstellen und in Konsequenz dessen zu Fehlentscheidungen führen können.

Dieses Problem löst die **Teilkostenrechnung**, bei der nur die Teile der Kosten, die nachvollziehbar zurechenbar sind, von den Erlösen abgezogen werden und auf diese Weise ein Deckungsbeitrag (DB) übrig bleibt, der die restlichen Gemeinkosten decken soll. Den Vorteilen dieses Rechnungssystems, nämlich die Umgehung von Zurechnungsproblemen und die korrekte Beurteilung von Kostenstellenergebnissen, steht allerdings der gravierende Nachteil gegenüber, dass die Teilkostenrechnung nicht für die Preiskalkulation nutzbar ist. Insofern kann sie nur ergänzend zur Vollkostenrechnung eingesetzt werden.

In der speditionellen Praxis ist eine Kombination aus Vollkosten- und Teilkostenrechnung (in Form einer Deckungsbeitragsrechnung) üblich. Ausgehend von den Speditionserlösen werden gestuft Kosten abgezogen, die sich in ihrer Bedeutung immer mehr von der operativen Leistungserstellung entfernen. Auf diese Weise erhält man in Abhängigkeit vom Differenzierungsgrad Deckungsbeiträge (z. B. DB I bis DB V), die erkennen lassen, in bzw. bis zu welchem Umfang die speditionelle Leistungserbringung die entstehenden Kosten deckt.

6.3 Die Prozesskostenrechnung als innovatives Kostenrechnungskonzept

6.3.1 Entstehung der Prozesskostenrechnung

Mit der kontinuierlichen Erhöhung des Gemeinkostenanteils zu Lasten der Einzelkosten in den vergangenen Jahrzehnten waren traditionelle Kostenrechnungssysteme immer weniger in der Lage, die entstandenen Kosten den einzelnen Kostenträgern korrekt zuzuweisen. Die Gefahren, über undifferenzierte, prozentuale Zuschlagsätze Fehlentscheidungen zu treffen, nahmen stetig zu. Dieser Sachverhalt trifft insbesondere auch auf die Spedition zu, die aufgrund ihres Dienstleistungscharakters per se gemeinkostenlastig (insbesondere bezüglich der Personalkosten) ist.

Die Prozesskostenrechnung bietet hier eine Alternative, speziell für Dienstleistungsunternehmen wie Speditionen, da der Fokus auf dem einzelnen Prozess liegt, welcher die Arbeitsweise hier besser widerspiegelt als eine pauschale Differenzierung in Einzel- und Gemeinkosten. Im Vordergrund steht das aktive und permanente Gemeinkostenmanagement. Kosten werden über Prozesse den Kunden, Aufträgen oder Produkten zugeordnet.[91] Die Spedition erhält damit eine wesentlich bessere Grundlage für die Auftragskalkulation und aufgrund der Flexibilität dieser Methodik auch für die Berücksichtigung veränderter Rahmenbedingungen (z. B. Sendungsstrukturveränderungen) für Preisverhandlungen.

---

91 Vgl. zu den Hintergründen für die zunehmende Bedeutung der Prozesskostenrechnung in Speditionen auch *Bülles*, 2000, S. 115.

6.3.2 Vorgehensweise der Prozesskostenrechnung

Nachdem der Untersuchungsbereich definiert und die Zielsetzungen festgelegt sind, läuft die Prozesskostenrechnung in mehreren Schritten ab:[92]

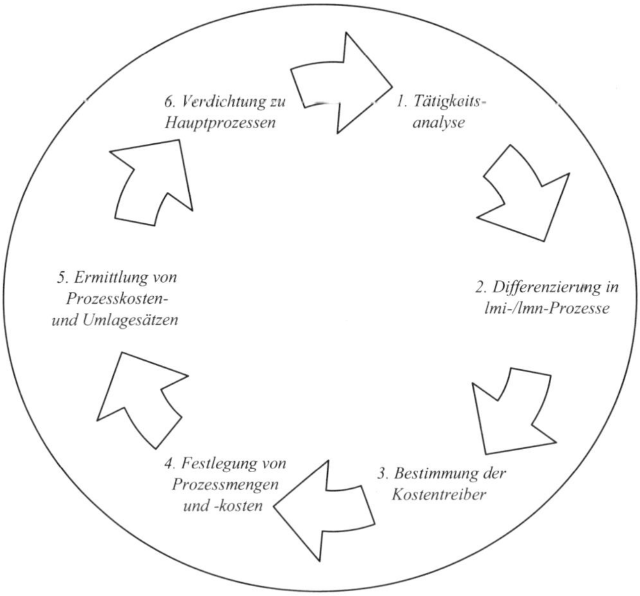

Abb. 6.1: Sechs Schritte der Prozesskostenrechnung

1. Schritt: Tätigkeitsanalyse

Im Rahmen der Tätigkeitsanalyse werden alle Vorgänge des betrachteten Bereichs erfasst und strukturiert. Die Prozesshierarchie fasst hierzu einzelne Aktivitäten (Tätigkeiten, die in der Regel nicht mehr zu unterteilen sind, z. B. „scannen“) zu Teilprozessen zusammen (z. B. „Einlagerung“); mehrere Teilprozesse bilden wiederum einen Hauptprozess (z. B. „Wareneingang“). Die Erfassung kann über Messverfahren (z. B. über REFA-Zeitstudien), aber auch über Interviews erfolgen. Nachfolgende Abbildung zeigt beispielhaft den Aufbau dieser Prozesshierarchie für das Umschlaglager.

[92] Vgl. hierzu auch *Horváth/Mayer*, 1995, S. 70 ff.

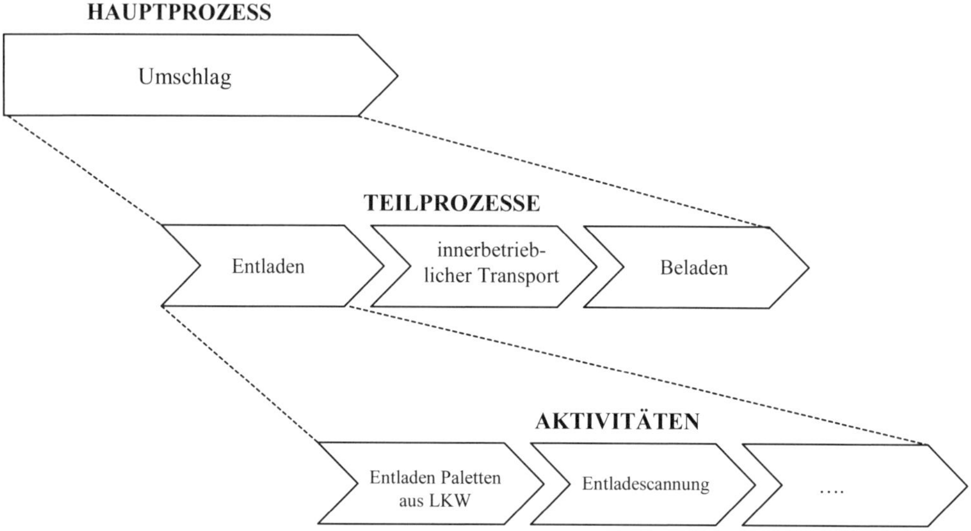

Abb. 6.2: Prozesshierarchie

2. Schritt: Differenzierung in lmi-/lmn-Prozesse

Die ermittelten Teilprozesse lassen sich unterscheiden in:

- **leistungsmengeninduzierte** (lmi) Prozesse, deren Zeitaufwand und damit auch Kosten sich mengenproportional zum erbrachten Leistungsvolumen verhalten (z. B. „Palette entladen"),
- **leistungsmengenneutrale** (lmn) Prozesse, bei denen es keinen Zusammenhang zwischen dem zu erbringenden Leistungsvolumen und der Häufigkeit der Prozessdurchführung gibt (z. B. „Niederlassung leiten").

3. Schritt: Bestimmung der Kostentreiber

Kostentreiber sind Maßgrößen für die Kostenverursachung (z. B. Anzahl der bearbeiteten Aufträge oder der umgeschlagenen Paletten), bei den leistungsmengeninduzierten Prozessen. Sie quantifizieren die Anzahl der Prozessdurchführungen für einen bestimmten Output und stellen somit das Mengengerüst für die prozessorientierte Gemeinkostenverrechnung dar. Leistungsmengenneutrale Prozesse haben keine Kostentreiber.

4. Schritt: Festlegung der Prozessmengen und der Prozesskosten

Auf der Basis geplanter Mengengrößen (z. B. LKW-Eingänge pro Jahr) können Prozessmengen geschätzt werden. Die Prozesskosten ergeben sich daraus abgeleitet als Kapazitätsbedarf (Personal, Equipment etc.) in Verbindung mit dem Zeitbedarf für die einmalige Prozessdurchführung.

5. Schritt: Ermittlung von Prozesskosten- und Umlagesätzen

Der Prozesskostensatz gibt die Kosten der einmaligen Prozessdurchführung an:

$$\text{lmi} - \text{Kostensatz} = \frac{\text{(Plan)prozesskosten}}{\text{(Plan)prozessmengen}}$$

Die lmn-Kosten können (proportional) auf die einzelnen lmi-Teilprozesse anteilig umgelegt werden.

$$\text{lmi} - \text{Kostensatz} = \text{lmn} - \text{Kosten} \times \text{prozentualer Anteil an lmi} - \text{Kosten}$$

6. Schritt: Verdichtung zu Hauptprozessen

Sofern erforderlich (z. B. aufgrund zu vieler ermittelter Teilprozesskostensätze), kann in einem weiteren Schritt eine Verdichtung der Teilprozesskosten zu Hauptprozesskosten erfolgen.

Die skizzierte Vorgehensweise kann natürlich auch mit Ist-Prozesskosten und Ist-Prozessmengen im Rahmen einer Nachkalkulation stattfinden.

6.3.3 Einsatzmöglichkeiten und Grenzen der Prozesskostenrechnung

Die Prozesskostenrechnung lässt sich überall dort in der Spedition sinnvoll einsetzen, wo repetitive Tätigkeiten eine große Rolle spielen (z. B. Umschlaglager, Warehouse). Da insbesondere die Prozesserfassung und -strukturierung sehr arbeitsintensiv ist, sollte das Aufgabenumfeld den Zeit- und Pflegeaufwand rechtfertigen.

Weiterhin gilt es zu berücksichtigen, dass die Prozesskostenrechnung eine Vollkostenrechnung ist. Somit bleibt das Problem der Fixkostenschlüsselung (Umlage der lmn-Kosten auf die lmi-Kosten) bestehen. Eine Alternative hierzu ist, auf die Kostenumlagen zu verzichten und die lmn-Kosten en bloc als Pauschale (z. B. in Form einer fixen Bereitschaftspauschale als Ergänzung zu den Prozesskostensätzen) auszuweisen. Damit wird dem Denkansatz der Teilkostenrechnung gefolgt.

Speziell für Make-or-buy-Entscheidungen, die Leistungsangebotsplanung oder für Abrechnungsmodalitäten ist die Prozesskostenrechnung aufgrund des umfassenden Ausweises der Kostenbestimmungsfaktoren aber sehr gut geeignet.

Abschließend wird der Einsatz der Prozesskostenrechnung beispielhaft erläutert.

✐ *Beispiel*

Eine Spedition möchte die Kalkulation der Umschlagskosten von 100 kg-Satz auf Prozesskosten umstellen.[93] Dabei fallen neben Umschlagstätigkeiten für einen Teil der Sendungen auch Sortieraktivitäten an. Dazu sind folgende Daten aus einer Monatsanalyse bekannt:

- Umschlagskosten:	10.000 €
- Umgeschlagenes Gewicht:	400.000 kg
- lmi-Kosten:	6.550 €
- lmn-Kosten:	3.450 €

[93] Beispiel in Anlehnung an *Czenskowsky/Poussa/Segelken*, 2002, S. 82–84.

- Umgeschlagene Paletten: 4.200
- Umgeschlagene Sendungen: 2.500

- Umschlagsdauer pro Palette: 3 Min.
- Sortierdauer pro Palette: 9 Min.
- Paletten mit Sortieraktivität: 660

Vergleichen Sie die Umschlagskosten (alt/neu) für folgende Sendungen:

	Sendung 1	Sendung 2	Sendung 3
Sendungsgewicht (kg)	1.000	100	250
Anzahl Paletten	1	1	5
Sortieraktivität	Nein	Ja	Ja

Lösung:

Berechnung 100 kg-Satz:

$$\frac{10.000\,€}{400.000\,kg} \times 100\,kg = 2{,}50\,€/100\,kg$$

Berechnung der anteiligen lmn-Kosten:

$$\frac{3.450\,€}{2.500\text{ Sdg.}} = 1{,}38\,€/\text{Sdg.}$$

Berechnung der lmi-Kostensätze:

- Umschlagen: 3 Min. × 4.200 = 210 h
- Sortieren: 9 Min. × 660 = 99 h

⇒ anteilige lmn-Kosten:

- Umschlagen: $6.550\,€ \times \frac{210}{309} = 4.451{,}46\,€$
- Sortieren: $6.550\,€ \times \frac{99}{309} = 2.098{,}54\,€$

⇒ Prozesskostensätze:

- Umschlagen: $\frac{4.451{,}46\,€}{4.200} = 1{,}06\,€/\text{Palette}$

- Sortieren: $\frac{2.098{,}54\,€}{660} = 3{,}18$ €/Palette 2.098,54 € × 660 = 3,18 €/Palette

Vergleich der Ergebnisse:

	Sendung 1	Sendung 2	Sendung 3
Sendungsgewicht (kg)	1.000	100	250
Anzahl Paletten	1	1	5
Sortieraktivität	Nein	Ja	Ja
Umschlagkosten (alt)	25,00 €	2,50 €	6,25 €
Umschlagkosten (neu)	2,44 € (1,06 € + 1,38 €)	5,62 € (1,06 € + 3,18 € + 1,38 €)	22,58 € [(1,06 € + 3,18 €) x 5+ 1,38 €]

Fazit: Man erkennt deutliche Unterschiede zwischen gewichts- und prozessbezogener Abrechnung, speziell beim Vergleich zwischen Sendung 1 und Sendung 3.

6.3.4 Fallbeispiel IV: Einsatz der Prozesskostenrechnung im Umschlaglager

Nicht immer rechtfertigen die Gegebenheiten vor Ort umfangreiche und kostspielige Zeitaufnahmen und Datenerhebungen zur Implementierung einer vollständigen Prozesskostenrechnung. Das nachfolgende Fallbeispiel soll zeigen, dass auch mit einer weniger aufwändigen Herangehensweise die Zielsetzungen der Prozesskostenrechnung schon umgesetzt werden können.

Betrachtet wird die Handhabung zweier unterschiedlicher Sendungen im Umschlaglager anhand der Teilprozesse Entladen, innerbetrieblicher Transport und Beladen. Sendung A ist eine Kiste auf einer Europalette mit einem Gewicht von 220 kg, Sendung B sind 10 Fahrräder auf zwei überbauten Europaletten mit einem Gesamtgewicht von ebenfalls 220 kg. Verglichen werden soll die übliche 100 kg-Kalkulationen mit einer prozessbezogenen Kalkulation. Basis für die Kostenzuordnung sind Monatsdurchschnittswerte der Kostenstelle Umschlaglager Inlandsverkehre (s. *Tab. 6.1*).[94]

[94] Das Beispiel findet sich mit Abwandlungen bei *Bülles*, 2000, S. 118 ff.

Tab. 6.1: Kostenstellenbericht Umschlaglager Inlandsverkehre

Kostenarten	**Kosten pro Monat (in €)**	**in Prozent**
Personalkosten	51.640,53 €	66,80%
Energiekosten	3.150,11 €	4,08%
Reparaturkosten	5.256,72 €	6,80%
Leasingkosten Geräte	468,87 €	0,61%
Kommunikationskosten	51,25 €	0,07%
Bewirtungskosten	2,59 €	0,00%
kalk. Abschreibung	3.220 €	4,17%
Reisekosten	113,66 €	0,15%
Gebäudemiete	12.990,14 €	16,80%
kalk. Zinsen	407,29 €	0,53%
durchschnittliche Gesamkosten	**77.301,34 €**	**100,00%**

Daten:

Fläche (m^2)	2.600
Sendungen	15.845
Gewichte (to)	3.807,8
Paletten	9.520

Kennzahlen:

Kg/Palette	400,0
€/100 kg	2,03 €

In einem ersten Schritt findet eine Aggregation der vorhandenen Kostenarten der Kostenstelle statt durch Zuordnung auf die Positionen Leitungskosten, Gebäudekosten und Flurförderzeug-Kosten.

Der *Leitung* des Umschlaglagers werden folgende Kosten zugerechnet:

Personalkosten: 5 % von 51.640,53 €	2.582,03 €
Kommunikationskosten	51,23 €
Bewirtungskosten	2,59 €
Reisekosten	113,66 €
Leitungskosten	2.749,53 €

Diese Leitungskosten werden später nach der Schlüsselgröße Personalkosten auf die Teilprozesse aufgeteilt mit der Begründung, dass dort, wo mehr (weniger) gearbeitet wird, auch mehr (weniger) Leitungsaufgaben anfallen.

Dem *Gebäude* werden folgende Kosten zugerechnet:

Gebäudemiete	12.990,14 €
Gebäudereparaturen: 60 % von 5.256,72 €	3.154,03 €
Gebäudekosten	16.144,17 €

Basis für die Kostenverteilung ist die Fläche in der Wareneingangs- und -ausgangszone an den Be- und Entladetoren des Lagers (jeweils 350 m^2) sowie die Fläche der Relationsplätze (1.900 m^2).

Den *Flurförderzeugen* werden folgende Kosten zugerechnet:

Energiekosten	3.150,11 €
Reparaturkosten: 40 % von 5.256,72 €	2.102,69 €
Leasingkosten Geräte	468,87 €
Kalk. Abschreibungen Geräte	3.220,18 €
Kalk. Zinsen Geräte	407,29 €
Flurförderzeugkosten	9.349,14 €

Diese Kosten werden nach anteiliger Nutzung, basierend auf betrieblichen Schätzungen und Messungen, den Teilprozessen „Entladen“ mit 30 %, „Beladen“ mit 25 % und „innerbetrieblicher Transport“ mit 45 % zugewiesen.

Die Prozesskostensätze für die drei Teilprozesse können jetzt folgendermaßen ermittelt werden:

Teilprozess „Entladen“

Personalkosten: 40 % von 51.640,53 € =	20.656,21 €
Leitungskosten: 40/95 von 2.749,53 € =	1.157,70 €
Gebäudekosten: 350/2.600 von 16.144,17 € =	2.173,25 €
FFZ-Kosten: 30 % von 9.349,14 € =	2.804,74 €
SUMME	26.791,90 €

Teilprozesskostensatz „Entladen“:

$$\frac{26.791{,}90\,€}{9.520\ \text{Paletten}} = 2{,}814\ €/\text{Palette}$$

Teilprozess „innerbetrieblicher Transport“

Personalkosten: 20 % von 51.640,53 € =	10.328,11 €
Leitungskosten: 20/95 von 2.749,53 € =	578,85 €
Gebäudekosten: 1.900/2.600 von 16.144,17 € =	11.797,66 €
FFZ-Kosten: 45 % von 9.349,14 € =	4.207,11 €
SUMME	26.911,73 €

Teilprozesskostensatz „innerbetrieblicher Transport“:

$$\frac{26.911{,}73\,€}{9.520\ \text{Paletten}} = 2{,}827\ €/\text{Palette}$$

Teilprozess „Beladen“

Personalkosten: 35 % von 51.640,53 € =	18.074,19 €
Leitungskosten: 35/95 von 2.749,53 € =	1.012,98 €
Gebäudekosten: 350/2.600 von 16.144,17 € =	2.173,25 €
FFZ-Kosten: 25 % von 9.349,14 € =	2.337,29 €
SUMME	23.597,71 €

Teilprozesskostensatz „Beladen“:

$$\frac{23.597{,}71\,€}{9.520\,\text{Paletten}} = \quad 2{,}479\ €/\text{Palette}$$ [95]

Nach der Ermittlung der Teilprozesskostensätze sind in einem nächsten Schritt relevante Kostentreiber[96] zu identifizieren. Neben den beim Handling palettierter Güter im Umschlaglager klassischen Kostentreibern „Gewicht“ und „Sperrigkeit“ sind das im vorliegenden Fallbeispiel noch „Palettenart“ und „Beschädigungsanfälligkeit“ als relevante Kostentreiber identifiziert. Aus Erfahrungswerten mit den umzuschlagenden Gütern werden die einzelnen Kostentreiber und ihre unterschiedlichen Ausprägungen folgendermaßen fixiert:

Tab. 6.2: Kostentreiber und Kostentreiberausprägungen

	Klasse 1	**Klasse 2**	**Klasse 3**	**Klasse 4**
KoTr 1: Gewicht	bis 200 kg	200 - 500 kg	500 - 750 kg	über 750 kg
KoTr 2: Palettenart	Europalette	EP mit Überstand oder Industriepalette		
KoTr 3: Stapelbarkeit/Höhe	bis 1,20 m Höhe und stapelbar	über 1,20 m Höhe oder nicht stapelbar		
KoTr 4: Beschädigungsanfälligkeit	gering	mittel	hoch	

Jetzt sind – wiederum auf der Grundlage vorliegender Erfahrungswerte – Zu- und Abschläge für die jeweiligen Kostentreiberausprägungen bei den einzelnen Teilprozessen festzulegen.

---

95 Addiert man die drei Teilprozesskostensätze pro Palette (2,814 € + 2,827 € + 2,479 € = 8,12 €) erhält man entsprechend den Kostenwert für eine 400 kg schwere Palette (4 x 2,03 €/100 kg).

96 In diesem Beispiel ist der Kostentreiber als Kosteneinflussfaktor für Zu- bzw. Abschläge zu interpretieren und nicht als quantitative Maßgröße.

Tab. 6.3: Zu- und Abschläge auf die Prozesskosten

Teillprozess "Entladen"	**Klasse 1**	**Klasse 2**	**Klasse 3**	**Klasse 4**
KoTr 1: Gewicht	- 5 %	Ø	+ 5 %	+ 15 %
KoTr 2: Palettenart	Ø	+ 10 %		
KoTr 3: Stapelbarkeit/Höhe	- 10 %	+ 20 %		
KoTr 4: Beschädigungsanfälligkeit	- 5 %	Ø	+ 5 %	
Teillprozess "innerbetrieblicher Transport"	**Klasse 1**	**Klasse 2**	**Klasse 3**	**Klasse 4**
KoTr 1: Gewicht	- 5 %	Ø	+ 5 %	+ 15 %
KoTr 2: Palettenart	Ø	Ø		
KoTr 3: Stapelbarkeit/Höhe	- 10 %	+ 20 %		
KoTr 4: Beschädigungsanfälligkeit	- 5 %	Ø	+ 5 %	
Teillprozess "Beladen"	**Klasse 1**	**Klasse 2**	**Klasse 3**	**Klasse 4**
KoTr 1: Gewicht	- 5 %	- 5 %	+ 5 %	+ 15 %
KoTr 2: Palettenart	Ø	+ 5 %		
KoTr 3: Stapelbarkeit/Höhe	- 10 %	+ 10 %		
KoTr 4: Beschädigungsanfälligkeit	Ø	Ø	+ 5 %	

Kalkuliert man jetzt die Zuschläge für die beiden Sendungen A (eine Kiste auf einer Europalette) und B (10 Fahrräder auf zwei überbauten Europaletten), ergibt sich folgendes Bild:

Tab. 6.4: Teilprozesszuschläge und -abschläge für die Sendungen A und B

Teilprozess "Entladen"		
Sendung A: Kiste		Sendung B: Fahrräder
Ø	KoTr 1	- 5 %
Ø	KoTr 2	+ 10 %
- 10 %	KoTr 3	+ 20 %
- 5 %	KoTr 4	+ 5 %
- 15 %	∑	+ 30 %

Teilprozess "innerbetrieblicher Transport"		
Sendung A: Kiste		Sendung B: Fahrräder
Ø	KoTr 1	- 5 %
Ø	KoTr 2	Ø
- 10 %	KoTr 3	+ 20 %
- 5 %	KoTr 4	+ 5 %
- 15 %	∑	+ 20 %

Teilprozess "Beladen"		
Sendung A: Kiste		Sendung B: Fahrräder
- 5 %	KoTr 1	- 5 %
Ø	KoTr 2	+ 5 %
- 10 %	KoTr 3	+ 10 %
Ø	KoTr 4	+ 5 %
- 15 %	∑	+ 15 %

Berücksichtigt man die Zu- und Abschläge auf die beiden Sendungen, ergeben sich für die einzelnen Teilprozesskosten folgende, veränderte Ergebnisse:

Tab. 6.5: Umschlagskosten auf Prozesskostenbasis für die Sendungen A und B

Sendung A: Kiste		**Sendung B: Fahrräder**
2,814 € × 0,85 = 2,39 €	**Entladen**	2,814 € × 1,3 = 3,66 €
2,827 € × 0,85 = 2,40 €	**innerbetrieblicher Transport**	2,827 € × 1,2 = 3,39 €
2,479 € × 0,85 = 2,11 €	**Beladen**	2,814 € × 0,85 = 2,85 €
6,90 €/Sendung	∑	**9,90 €/Palette bzw. 19,80 €/Sendung**

Abschließend vergleichen wir die Ergebnisse:

Geht man von der im Umschlaglager traditionellen Kalkulation auf der Basis von 100 kg-Sätzen aus, kosten beide Sendungen gleich viel, nämlich 2,2 × 2,03 € = 4,47 € pro Sendung. Unter Berücksichtigung eines Sperrigkeitsfaktors für Sendung B von 1,5 erhöhen sich die Sendungskosten auf 6,70 €. Betrachtet man jetzt demgegenüber das tatsächliche Handling der beiden Sendungen unter Berücksichtigung der relevanten Kostentreiber und bewertet diese monetär, kann der Kostenunterschied der beiden Sendungen auf der Grundlage dieser Prozessanalysen schnell auch beim Faktor 3–4 liegen.[97]

[97] Vgl. ergänzend das Beispiel bei *Fiedler/Lohre*, 2011, S. 472–473.

6.4 Kontrollfragen und Übungsaufgabe zu Kapitel 6

Fragen zur persönlichen Lernerfolgskontrolle (Kapitel 6)

- *Erläutern Sie den Unterschied zwischen einer Ist- und einer Plankostenrechnung.*
- *Erläutern Sie den Unterschied zwischen einer Voll- und einer Teilkostenrechnung.*
- *Worin liegt die Vorteilhaftigkeit der Prozesskostenrechnung für Speditionen?*
- *In welchen Schritten läuft die Prozesskostenrechnung ab?*
- *Welche Bedeutung hat der Kostentreiber in der Prozesskostenrechnung?*
- *Wie unterscheiden sich lmi- und lmn-Kosten in der Prozesskostenrechnung?*
- *Welche beiden Möglichkeiten gibt es, leistungsmengenneutrale Kosten in der Prozesskostenrechnung zu berücksichtigen?*

Übungsaufgabe zum Kapitel 6

30. Eine Spedition möchte die Kalkulation der Umschlagkosten von 100 kg-Satz auf Prozesskosten umstellen. Dabei fallen neben Umschlagstätigkeiten für einen Teil der Sendungen auch Sortieraktivitäten an. Dazu sind folgende Daten aus einer Monatsanalyse bekannt:

- Umschlagkosten:	10.300 €
- Umgeschlagenes Gewicht:	500 to
- Lmi-Kosten:	3.750 €
- Lmn-Kosten:	6.550 €
- Umgeschlagene Paletten:	5.000
- Umgeschlagene Sendungen:	2.500
- Umschlagsdauer pro Palette:	2 Minuten
- Sortierdauer pro Palette:	8 Minuten
- Paletten mit Sortieraktivität:	750

Vergleichen und interpretieren Sie die Umschlagskosten (alt vs. neu) für folgende Sendungen:

a) 1 Palette mit 800 kg ohne Sortieraktivität
b) 5 Paletten mit insgesamt 300 kg und Sortieraktivität

Glossar

- **AfA**
  = Absetzung für Abnutzung; bilanzielle Abschreibung, Abschreibung in der Steuer-Bilanz, dient der nominellen Kapitalerhaltung.
- **Anderskosten**
  Kosten, denen in der Buchhaltung Aufwand in anderer Höhe gegenübersteht (z. B. kalk. Abschreibungen vs. AfA).
- **Aufwand**
  Bewerteter Güterverzehr, nicht unbedingt betriebsbezogen (z. B. Spende = neutraler Aufwand).
- **Benchmarking**
  Vergleich mit Bezugswerten, die sich am Besten eines jeweiligen Untersuchungsgegenstandes (Produkt, Dienstleistung, Prozess) orientieren. Dieser Vergleich kann unternehmensextern, häufig aber auch unternehmensintern stattfinden (z. B. Niederlassungs-Benchmarking).
- **Betriebsabrechnungsbogen (BAB)**
  Zentrales Instrument der Kostenstellenrechnung durch tabellarische und systematische Gegenüberstellung von Kostenarten und Kostenstellen.
- **Bruttonutzen**
  (auch: Rohertrag, Bruttospeditionserlös oder DB 0). Zentrale Wert- und Rechengröße in der Spedition, die sich aus dem Umsatz abzüglich der direkten Speditionskosten (externe und interne Fremdleistungen) ergibt.
- **Deckungsbeitragsrechnung (mehrstufige)**
  Vom Erlös werden zuerst die variablen Kosten abgezogen. Das Ergebnis ist der Deckungsbeitrag I (DB I) oder auch die „kurzfristige Preisuntergrenze". Der DB I zeigt an, wie hoch der Beitrag zur Deckung der fixen Kosten ist. Je nach Vorgehensweise können in den folgenden Schritten weitere Deckungsbeiträge durch die differenzierte Betrachtung der fixen Kosten ermittelt werden (DB II–DB ...), die sich in ihrer Bedeutung immer weiter von der eigentlichen Dienstleistung entfernen (z. B. von fixen Kosten der Leistungserstellung über Regiekosten zu Overheadkosten der Niederlassung), um letztendlich einen Gewinn oder Verlust auszuweisen.
- **Einzelkosten**
  sind direkt zurechenbar (Produkt, Kostenträger).
- **Ertrag**
  Güterentstehung jeder Art (materiell oder immateriell), nicht unbedingt betriebsbezogen (z. B. LKW-Verkauf über Buchwert = neutraler Ertrag)

- **Fixe Kosten**
  bleiben beim Anstieg der Beschäftigung konstant.
- **Fixkostendegression**
  Bei steigendem Beschäftigungsgrad sinken die Gesamtkosten pro Leistungseinheit degressiv (d. h. sie sinken zunächst stark, dann immer schwächer).
- **Fortschreibungsmethode**
  Erlaubt als einziges Verfahren, zwischen ordentlichem und außerordentlichem Stoff-/Materialverbrauch zu unterscheiden. Ist-Anfangsbestand und Ist-Endbestand werden durch eine Inventur ermittelt.
- **Gemeinkosten**
  entstehen für mehrere Produkte bzw. Kostenstellen und müssen daher im BAB „aufgeschlüsselt" werden.
- **Grenzkosten/Grenzerlöse**
  Einem zusätzlichen Produkt bzw. einer zusätzlichen Dienstleistung werden genau die Kosten bzw. Erlöse zugerechnet, die durch deren Realisierung zusätzlich entstehen bzw. die bei Nichtrealisierung vollständig vermieden worden wären.
- **Innerbetriebliche Leistungsverrechnung (ILV)**
  Verfahren der Kostenstellenrechnung zur Kostenumlage bzw. Auflösung der Hilfskostenstellen im Betriebsabrechnungsbogen.
- **Inventur**
  „Körperliche Bestandsaufnahme" durch Messen, Zählen oder Wiegen am Anfang und am Ende einer Abrechnungsperiode.
- **Kalkulatorische Abschreibung**
  schreibt vom Wiederbeschaffungswert auf den Restwert ab und dient der substanziellen Kapitalerhaltung.
- **Kalkulatorische Kosten**
  sind entweder Kosten, denen Aufwand in anderer Höhe (z. B. kalk. Abschreibung, kalk. Zinsen), oder denen kein Aufwand gegenübersteht (kalk. Unternehmerlohn bei Personengesellschaften).
- **Kalkulatorische Zinsen**
  Zinssatz, der bei alternativer Anlage des betriebsnotwendigen Kapitals (z. B. am Kapitalmarkt) zu erreichen gewesen wäre (vgl. Opportunitätskosten).
- **Kosten**
  mengenmäßiger, leistungsbezogener, in Geldeinheiten bewerteter Güterverzehr
- **Kostenremanenz**
  Fixe Kosten müssen beim Beschäftigungsrückgang durch geeignete Maßnahmen angepasst werden. Ohne entsprechende Maßnahmen bleiben die fixen Kosten in voller Höhe bestehen. Variable Kosten passen sich dagegen dem Beschäftigungsrückgang automatisch an.
- **Kuppelproduktion**
  Aus einem Kuppelproduktionsprozess entstehen zwangsläufig mehrere Produkte (z. B. bei Sammelgutverkehren). Hieraus resultieren spezifische Probleme der Kostenzurechnung.

- **Kurzfristige Preisuntergrenze**
  An der kurzfristigen Preisuntergrenze müssen mindestens die gesamten variablen Kosten durch die Erlöse gedeckt sein. Sollte darüber hinaus noch ein Beitrag zur Deckung zumindest eines Teiles der fixen Kosten erzielt werden, kann es kurzfristig sinnvoll sein, einen Auftrag anzunehmen. Kurzfristig deshalb, weil langfristig selbstverständlich auch die fixen Kosten vom Erlös gedeckt werden müssen.
- **Leerkosten**
  sind diejenigen Fixkosten, die dem nicht genutzten Teil der Betriebsbereitschaft entsprechen.
- **Leistung**
  Ergebnis des betrieblichen Produktionsprozesses, d. h. Absatzleistungen (werden am Markt abgesetzt) oder Eigenleistungen (werden im Betrieb als Produktionsfaktoren eingesetzt).
- **Makeln**
  Vermittlung von Transporten und speditionsnahen Dienstleistungen.
- **Nutzkosten**
  Kosten der Betriebsbereitschaft, die zur Leistungserstellung genutzt werden.
- **Opportunitätskosten**
  Kosten der „entgangenen Gelegenheit", z. B. einer Geldanlage am Kapitalmarkt (vgl. kalk. Zinsen).
- **Primäre Kosten**
  beziehen sich auf den Verzehr von Gütern, die das Unternehmen sich auf Märkten beschafft.
- **Primäre Kostenarten**
  Betriebsmittelkosten, Stoff-/Materialkosten, Abgaben an die öffentlich Hand, Fremdleistungskosten, Personalkosten
- **Regiekosten**
  entstehen in der Spedition für den administrativen Aufwand im Rahmen der Transportorganisation und -durchführung.
- **Restwert**
  Wert eines Betriebsmittels am Ende der betrieblichen Nutzungsdauer (vgl. kalk. Abschreibungen)
- **Rückrechnung**
  In der Sammelgutspedition verwendete Abrechnungsmethode für Umschlags- und Zustellungsleistungen der Empfangsniederlassung (Sammelguteingang) im Auftrag der versendenden Niederlassung (Sammelgutausgang).
- **Sekundäre Kosten**
  bezeichnen den Verzehr von innerbetrieblichen Leistungen (z. B. Werkstattleistungen).
- **Sprungfixe Kosten**
  entstehen im Augenblick der Anschaffung (bzw. Anmietung) eines zusätzlichen Betriebsmittels (z. B. Stapler) oder auch durch die Einstellung von zusätzlichem Personal.

- **Stoff-/Materialkosten**
  entstehen durch den Verzehr von Stoffen und Materialen. Diese werden verbraucht, d. h. sie gehen im Produktionsprozess unter.
- **Variable Kosten**
  verändern sich mit der Variation des Beschäftigungsgrades.
- **Variabilisierung von Fixkosten**
  Umwandlung von fixen Kosten in variable Kosten (z. B. Einsatz eines Transportunternehmens statt eigener Fahrzeuge).
- **Wagniskosten**
  Kostenart, die das Risiko des unternehmerischen Misslingens berücksichtigt.
- **Wiederbeschaffungswert**
  ergibt sich aus dem Anschaffungswert, der durchschnittlichen Preissteigerungsrate und der Anzahl der Nutzungsjahre eines Betriebsmittels.
- **Zusatzkosten**
  Kosten, denen kein Aufwand gegenübersteht (z. B. kalk. Unternehmerlohn in Personengesellschaften).

Literatur- und Quellenverzeichnis

BDF (Hrsg.): Kosteninformationssystem für die leistungsorientierte Kalkulation von Straßengütertransporten, Frankfurt am Main 1993

Berens, W: Benchmarking, in: Vahlens Großes Logistiklexikon, hrsg. von Bloech, J. und Ihde, G.-B., München 1997, S. 61–62

BGL (Hrsg.): Jahresbericht 2010/2011, Frankfurt am Main 2011

Bleis, Ch.: Kostenrechnung und Kostenrelevanz, München 2007

BSL (Hrsg.): Kosten- und Leistungsrechnung in der Spedition, Bonn 1997

Bülles, U.: Prozesskostenrechnung in Spedition, Transport und Logistik, in: Berufsakademie Mannheim (Hrsg.): Studium Duale 6, Mannheim 2000, S. 114–125

Czenskowsky, T./Poussa, J./Segelken, U.: Prozessorientierte Kostenrechnung in der Logistik, in: Kostenrechnungspraxis, 46 Jg., 2002, Heft 2, S. 75–86

Fiedler, J.: Tarife für den Teil- und Komplettladungsbereich, in: Lohre, D. (Hrsg.): Praxis des Controllings in Speditionen, Frankfurt 2007, S. 221–229

Fiedler, J./Lohre, D.: Einführung in die speditionelle Kosten- und Leistungsrechnung, in: Hölser, Th. (Hrsg.): Lorenz 2 – Leitfaden für Spediteure und Logistiker in Ausbildung und Beruf, 18. Auflage, Hamburg 2011, S. 439–492

Haberstock, L.: Kostenrechnung I, bearbeitet von V. Breithecker, 13., neu bearbeitete Auflage, Berlin 2008

Hartmann, H./Lohre, D.: Prozesskostenrechnung bei Logistikdienstleistern – Grundlagen und Anwendungsbeispiele, in: Schneider, Ch. (Hrsg.): Controlling für Logistikdienstleister, Hamburg 2004, S. 185–209

Horváth, P./Mayer, R.: Konzeption und Entwicklung der Prozesskostenrechnung, in: Männel, W. (Hrsg.): Prozesskostenrechnung, Wiesbaden 1995, S. 59–86

Hummel, S./Männel, W.: Kostenrechnung 1, 4., völlig neu bearbeitete und erweiterte Auflage, Wiesbaden 1986

Kempf, B./Tschischka, W.: Grundlagen der Kosten- und Leistungsrechnung in der Spedition, Teilband 4 des Fachwissens für Speditions- und Logistikkaufleute, hrsg. vom Berufsbildungswerk der Spedition in Hessen e. V., 36. Auflage, Januar 2012

Klein, G.: Kosten- und Leistungsrechnung für Speditionsbetriebe – eine praxisorientierte Fallstudie –, Bonn 1980

Klein, G.: Kosten- und Leistungsrechnung für Preiskontrolle und Preisbildung der Kraftwagenspediteure und Transportunternehmern, in: Pradel U.-H./Süssenguth W. (Hrsg.): Praxishandbuch Logistik, Erfolgreiche Logistik in Industrie, Handel und Dienstleistungsunternehmen, Kapitel 13.10.2, Loseblatt, Grundwerk Köln 2001, Stand Juni 2005

Krupp, Th.: Benchmarking als Instrument zum Kostenmanagement im Lager, in: Schneider, Ch. (Hrsg.): Controlling für Logistikdienstleister, Hamburg 2004, S. 227–243

Lauenroth, L.: „Versa will Kostenindizes für Stückgut erarbeiten", in DVZ – Deutsche Logistik-Zeitung, Nr. 77 vom 28.06.2011, S. 1

Lauenroth, L.: „Versa schraubt an Kostenindex", in DVZ – Deutsche Logistik-Zeitung, Nr. 83 vom 12.07.2012, S. 1

Lenz, A.: Kennzahlengestütztes Controlling von Systemverkehren, in: Schneider, Ch. (Hrsg.): Controlling für Logistikdienstleister, Hamburg 2004, S. 163–174

Lohre, D./Baumann, P.: Entwicklung eines Kennzahlensystems für Systemverkehre, in: Lohre, D. (Hrsg.): Praxis des Controllings in Speditionen, Frankfurt 2007, S. 101–118

Lohre, D./Monning, W.: Erstellung von Haustarifen für Systemverkehre, in: Lohre, D. (Hrsg.): Praxis des Controllings in Speditionen, Frankfurt 2007, S. 197–219

Lohre, D./Monning, W.: „Lieber selbst rechnen", DVZ-Sonderbeilage vom 5. Juli 2011, S. 1–2

Lohre, D./Trump, E. H.: Überblick über die Kostenrechnung in Speditionen, in: Lohre, D. (Hrsg.): Praxis des Controllings in Speditionen, Frankfurt 2007, S. 21–41

Schneider, Ch.: Kennzahlengestütztes Controlling von Luft- und Seeverkehren, in: Schneider, Ch. (Hrsg.): Controlling für Logistikdienstleister, Hamburg 2004, S. 175–183

Schulte, Ch.: Logistik. Wege zur Optimierung der Supply Chain, 5., überarbeitete und erweiterte Auflage, München 2009

Schweitzer, M./Küpper, H.-U.: Systeme der Kosten- und Erlösrechnung, 10., überarbeitete und erweiterte Auflage, München 2011

Schwolgin, A. F.: Wertmanagement in Speditionsunternehmen, in: Lohre, D. (Hrsg.): Praxis des Controllings in Speditionen, Frankfurt 2007, S. 303–324

Vereinigung der Sammelgutspediteure im BSL (Hrsg.): Tarif für den Spediteur Sammelgut-Verkehr, Bonn 2008

Wittenbrink, P.: Transportkostenmanagement im Straßengüterverkehr, Wiesbaden 2011

www.bgl-ev.de/web/initiativen/kosten_diesel.htm

www.bgl-ev.de/web/initiativen/kosten_kalkulator.htm&v=2

www.bundesfinanzministerium.de

www.dslv.org/de/site/23//sn23/page/dslv/index.xml

www.ec.europa.eu/marcopolo

Lösungen zu Übungsaufgaben und Fallstudien

Lösungen der Übungsaufgaben zum Kapitel 1

Aufgabe 1:

a) Einzahlung/Einnahme/Ertrag (betriebsfremd)

b) Einzahlung

c) Einnahme/Ertrag/Leistung

d) Einzahlung/Einnahme

e) Einzahlung/Einnahme/Ertrag (außerordentlich)

f) Einnahme/Ertrag (periodenfremd)

Aufgabe 2:

Mai: Ausgabe

Juni: Auszahlung

August: Aufwand, Kosten

Aufgabe 3:

	Januar	Februar	März
Einzahlung	14.700 €	7.800 €	5.200 €
Einnahme	14.700 €	13.000 €	0 €
Ertrag	14.700 €	4.250 €	12.250 €

Erläuterungen:

Januar: Im Januar fallen Einzahlung, Einnahme und Ertrag durch die auftragsbezogene Reparatur und die Barzahlung des Kunden zusammen.

3.000 × 4,90 € = 14.700 €

Februar: In diesem Monat fallen Einzahlung, Einnahme und Ertrag in unterschiedlicher Höhe an.

Einzahlung: 1.500 × 5,20 € = 7.800 €

Einnahme: 2.500 × 5,20 € = 13.000 €

Ertrag: 2.500 × 1,70 € = 4.250 €

Da der Verkauf aus Lagerbeständen stattfindet, wurde ein Ertrag auf Basis der Herstellkosten bereits im Reparaturmonat aktiviert. Als „zusätzlicher" Ertrag ergibt sich entsprechend nur der Wert von 5,20 € - 3,50 € = 1,70 € je Palette.

März: Auch in diesem Monat fallen Einzahlung, Einnahme und Ertrag auseinander.

Einzahlung:	1.000 × 5,20 € = 7.800 €
Einnahme:	keine
Ertrag:	3.500 × 3,50 € = 12.250 €

Aufgabe 4:

a) Barzahlung eines neuen Lkw.

b) Der Kunde überweist den Rechnungsbetrag für eine Transportleistung sofort.

Aufgabe 5:

$$\frac{226\text{ Tage}}{240\text{ Tage}} \times 50.000\,€ = 47.083{,}33\,€$$

Aufgabe 6:

Durchschnittskosten vorher: $\frac{447{,}50\,€}{8.000} \times 100 = 5{,}59\,€$ per 100 kg

Durchschnittskosten nachher: $\frac{590{,}00\,€}{18.000} \times 100 = 3{,}28\,€$ per 100 kg

⇒ Reduzierung der Durchschnittskosten um 41,3 %.

Aufgabe 7:

a) Variable Fahrzeugkosten: $\frac{64.000\,€}{200.000\,€} = 0{,}32\,€$ pro km

b) Fixe Fahrzeugkosten: $\frac{56.500\,€}{300\text{ ET}} = 188{,}33\,€$ pro Einsatztag

c) Gewinn: 133.000 € - 120.500 € = 12.500 €

Lösung der Fallstudie I zum Kapitel 1

Fallstudie zu den acht Grundbegriffen des Rechnungswesens

Anschaffungswert (in €)	60.000	WBW (in €)	**75047,35**
gewöhnliche Nutzungsdauer (in Jahren)	5	MwSt (in %)	19
betriebliche Nutzungsdauer (in Jahren)	6		
Preissteigerung p. a. (in %)	3,8		
Restwert (in €)	0		
Einsatz-km (pro Jahr)	120.000		
Treibstoff (€/Liter)	1,2		
Treibstoffverbrauch (l/100 km)	30		

Ergebnisse (in €) **(I. Quartal)**		Buchhalterisches Ergebnis		Kalkulatorisches Ergebnis		Liquidität		Mehrwertsteuer	
		Aufwand	Ertrag	Kosten	Erlös	Auszahlung	Einzahlung	Vorsteuer	MwSt
Anschaffungswert	60.000					**23.800 5.)**		**11.400 8.)**	
Abschreibung		**3.000 1.)**		**3.127 4.)**					
Bruttogehalt	2.750	**8.250 2.)**		**8.250**		**8.250**			
Arbeitgeberanteil	475	**1.425**		**1.425**		**1.425**			
Urlaubsgeld (inkl. AG-Anteil)	150	-		**37,50**		-			
Urlaubsvertretung (inkl. AG-Anteil)	1.500	-		**375**		-			
Weihnachtsgeld (inkl. AG-Anteil)	250	-		**62,50**		-			
Reparaturen	3.400	-		**850**		-			
Wartung	400	**400**		**600**		**476**		**76**	
Öl	100	**300**		**300**		**357**		**57**	
Treibstoff		**10.800 3.)**		**10.800**		**8.568 6.)**		**1.368**	
Steuer	800	**400**		**200**		**400**			
Versicherung	2.500	**1.250**		**625**		**1.250**			
Gemeinaufwand (insb. Personal)	750	**2.250**		**2.250**		**2.250**			
Erlöse (Januar)	7.200 **(18 Tage)**		**7.200**		**7.200**		**-**		**-**
Erlöse (Februar)	8.000 **(20 Tage)**		**8.000**		**8.000**		**4.284** 7.)		**1.368** 9.)
Erlöse (März)	8.800 **(22 Tage)**		**8.800**		**8.800**		**9.044**		**1.520**
Summe		**28.075**	**24.000**	**28.902**	**24.000**	**46.776**	**13328**	**12.901**	**2888**
Über-/Unterdeckung			**-4.075**		**-4.902**		**-33.448**		**10.013**
									-23.435 10.)
zu versteuernder Betrag			**-4.075**						
Körperschaftssteuer (in %)	15		**-611,25** 11.)						

Anmerkungen:

ad 1.) AfA: $\frac{60.000\,€}{5} = 12.000\,€$ und $\frac{12.000\,€}{4\,\text{Quartale}} = 3.000\,€$

ad 2.) Inklusive Steuer und Sozialversicherung (Arbeitnehmer-Anteil)

ad 3.) Treibstoff: $30.000\,\text{km} \times 30\,\text{l}/100\,\text{km} \times 1{,}20\,€/\text{l} = 10.800\,€$

ad 4.) Kalk. Abschreibung: $60.000\,€ \times 1{,}038^6 = \frac{75.047{,}35\,€}{24} = 3.127\,€$ (gerundet)

ad 5.) Auszahlung: 20.000 € + 3.800 € (⅓ aus Anschaffungspreis zzgl. MwSt.)

ad 6.) 2 × 3.600 € = 7.200 € zzgl. MwSt. = 8.568 €

Annahme: Diesel-Rechnung für März wird erst im April fällig (Kreditkartenzahlung mit Tankkarte).

ad 7.) Rechnungsausgang (Monats-Sammelrechung) am 1. Arbeitstag des Folgemonats.

Geldeingang (1. Quartal): Februar: 3.600 € × 1,19 = 4.284 €

März: 7.600 € × 1,19 = 9.044 €

ad 8.) Die volle Vorsteuer ist bei Eingang der Rechnungen absetzbar:

19 % von 60.000 € = 11.400 €

Das Finanzamt erstattet sofort; somit kann der Zahlungseingang beeinflusst werden.

ad 9.) Auch wenn nur die Hälfte der Februar-Rechnung im 1. Quartal bezahlt wird, muss für alle Februar-Rechnungen die Mehrwertsteuer bezahlt werden. Die März-Mehrwertsteuer ist aber erst am 10. Tag des Folgemonats (April) fällig.

ad 10.) Durch den Vorsteuerabzug reduziert sich die tatsächliche Unterdeckung. Dies wird auch als die „Liquiditätswirkung des Vorsteuerabzuges" bezeichnet.

ad 11.) Körperschaftssteuer: quartalsweise Zahlung (nächste Fälligkeit am 10. Juni), hier: Verlustvortrag.

Lösungen der Übungsaufgaben zum Kapitel 2

Aufgabe 8:

a) Richtig

b) Richtig

c) Falsch

d) Falsch

e) Richtig

f) Richtig

g) Richtig

h) Richtig

Aufgabe 9:

a) $S = 100.000\text{ €} \times 1{,}02^5 - 12.500\text{ €} = 97.908{,}08\text{ €}$

$$a_z = 0{,}5\ S = \frac{48.954{,}04\text{ €}}{5} = 9.790{,}81\text{ €} / \text{Jahr}$$

b) $$a_l = \frac{48.954{,}04\text{ €}}{480.000\text{ km}} = 10{,}2\text{ Cent/km}$$

c) Nachdem 5 Jahre falsch abgeschrieben wurde, sollte die verbleibenden zwei Jahre mit den richtigen Abschreibungssummen kalkuliert werden:

$$S = 100.000\text{ €} \times 1{,}02^7 - 2.500\text{ €} = \frac{112.368{,}57\text{ €}}{7} = 16.052{,}65\text{ € pro Jahr}$$

$$a_z = 0{,}5\ S = \frac{16.052{,}65\text{ €}}{2} = 8.026{,}83\text{ €} / \text{Jahr}$$

Annahme: Jährliche Fahrleistung weiterhin 96.000 km.

$$a_l = \frac{8.026{,}83\text{ €}}{96.000\text{ km}} = 8{,}36\text{ Cent} / \text{km}$$

Aufgabe 10:

a) AfA: S = 62.500 €

kalk. Abschreibung: $S = 62.500\text{ €} \times 1{,}03^7 - 10.000\text{ €} = 66.867{,}12\text{ €}$

Abschreibungs- und Restwertplan:

	AfA		Kalk. Abschreibung	
Jahr	a_t	R_t	a_t	R_t
1	12.500 €	50.000 €	9.552,45 €	67.314,67 €
2	12.500 €	37.500 €	9.552,45 €	57.762,22 €
3	12.500 €	25.000 €	9.552,45 €	48.209,77 €
4	12.500 €	12.500 €	9.552,45 €	38.657,32 €
5	12.500 €	0 €	9.552,45 €	29.104,87 €
6			9.552,45 €	19.552,45 €
7	10.000 € (a.o. Ertrag)		9.552,45 €	10.000,00 €

b) Der Aufwand beläuft sich erst auf 62.500 €, später korrigiert auf 52.500 € (außerordentlicher Ertrag in Höhe von 10.000 €). Die Anderskosten liegen bei 66.867,12 €.

Aufgabe 11:

a) Andersaufwand: $\frac{12.500\text{ €}}{8} = 1.562{,}50\text{ €}$

Anderskosten: $\frac{14.000\,€ - 1.400\,€}{8} = 2.100\,€$

Die Differenz zwischen Kosten und Aufwand beträgt: 2.100 € - 1.562.50 € = 537,50 €

b) Andersaufwand:	400.000 € × 0,07	= 28.000 €
	200.000 € × 0,08	= 16.000 €
	100.000 € × 0,065	= 6.500 €
Summe:		50.500 €

Anderskosten: (700.000 € + 200.000 €) × 0,07 = 63.000 €

Die Differenz zwischen Aufwand und Kosten beträgt 63.000 € - 50.500 € = 12.500 €.

Aufgabe 12:

Gerechnet werden zuerst die Kapitalkosten auf das Anlagevermögen.

Durchschnittliche Kapitalbindung =

$$\frac{AW + RW}{2} = \frac{100.000\,€ + 12.500\,€}{2} = 56.250\,€$$

56.250 € × 0,065 = 3.656,25 € pro Jahr bzw. 16,62 € pro Einsatztag.

Dieses Ergebnis kalkuliert die Kapitalkosten pro Zeit, da für den Geldeingang und damit die Zinsen die Kalendertage relevant sind. Würde man dagegen mit den „Kosten der produktiven Zeit“ unter Berücksichtigung der 220 Einsatztage rechnen, ergäbe sich folgendes Ergebnis:

$56.250\,€ \times \frac{220}{360} \times 0{,}065 = 2.234{,}38\,€$ pro Jahr bzw. 10,16 € pro Einsatztag.

Ergänzt wird die Kalkulation um die Berechnung der Kapitalkosten auf das Umlaufvermögen.

800 € × 26 × 0,065 = 1.352 € pro Jahr bzw. 6,15 € pro Einsatztag.

Auch hier können wir wieder alternativ die „Kosten der produktiven Zeit“ rechnen.

$800\,€ \times 26 \times \frac{220}{360} \times 0{,}065 = 826{,}22\,€$ pro Jahr bzw. 3,76 € pro Einsatztag.

Aufgabe 13:

Zinsen pro Tag: $\frac{50.000.000\,€}{360} \times 0{,}065 = 9.027{,}77\,€$ Zinsen

Gewinn (ohne kalk. Zinsen auf Außenstände) = 50 Mio. € – 49,05 Mio. € = 950.000 €

a) Fall A (Zahlung nach 12 Tagen): 12 × 9.027,77 € = 108.333,24 €
   (11,4 % vom Gewinn wird aufgezehrt).
   Fall B: Zahlung nach 42 Tagen: 42 × 9.027,77 € = 379.166,34 €
   (39,9 % vom Gewinn wird aufgezehrt).

b) 3 Zinstage gewonnen = 3 × 9.027,77 € = 27.083,31 €. Bezogen auf 950.000 € Gewinn entspricht das 2,85 %.

Aufgabe 14:

Ø Kapitalbindung im Anlagevermögen: $\frac{111.000\,€ + 20.500\,€}{2} = 67.750\,€$

Ø Kapitalbindung im Umlaufvermögen:

- Zahlungsmittel	7.875,00 €
- Büromaterial	+ 204,58 €
- Ersatzteile	+ 575,00 €
- Außenstände	+ 13.500,00 €
- Lieferantenverbindlichkeiten	- 3.083,33 €
	= 19.071,25 €

Gesamte Ø Kapitalbindung aus AV + UV = 65.750 € + 19.071,25 € = 84.821,25 €

Kapitalkosten: 84.821,25 € × 0,06 = 5.089,28 €

Aufgabe 15:

Wagnissatz: $\frac{385.634\,€}{12.527.076\,€} = 3{,}078\,\%$

Vorkalkulation für das Folgejahr: 4.250.000 € × 0,03078 = 130.815 € Wagniskosten, falls keine konjunkturellen Änderungen zu erwarten sind.

Aufgabe 16:

Mautkosten:

60 LKW × 500 km × 250 AT =	7.500.000 km
davon 90 % im Inland =	6.750.000 km
davon 85 % auf Autobahnen =	5.737.500 km
5.737.500 km × 0,185 €/km =	1.061.437,50 €

Gewinn:

0,02 × 15.000.000 € =	300.000 €
davon 50 % =	150.000 €

Reduzierung des Gewinns auf 50 % aufgrund von Forderungsausfällen:

X (%) × 1.061.437,50 €= 150.000 €

$$X\,(\%) = \frac{150.000\,€}{1.061.437{,}50\,€} = 0{,}1413 = 14{,}13\ \%$$

Bei einem Forderungsausfall der von den Kunden zu tragenden Mautkosten in Höhe von 14,13 % halbiert sich der Gewinn der Spedition.

Aufgabe 17:

Es fehlt die Inventur am Anfang der Rechnungsperiode. Somit kann nicht mit Hilfe der Fortschreibungsmethode die Inventurdifferenz als außerordentlicher Verbrauch ermittelt werden.

Die Differenz von	15.800 Liter	
	- 13.400 Liter	
	+ 19.500 Liter	
	= 21.900 Liter	(Buchbestand)
	- 20.050 Liter	(Ist-Bestand)
	= 1.850 Liter	(Differenz)

kann aufgrund außerordentlichen Werteverzehrs in der Rechnungsperiode, Zugangs- und/ oder Entnahmefehlern, aber auch aufgrund eines fehlerhaften Anfangsbestandes entstanden sein.

Aktuell kann nur Vorsorge gegen Schwund und Diebstahl getroffen werden. Erst in der kommenden Periode, an deren Ende eine Inventur zu machen ist, kann im Detail nach den Fehlerquellen gesucht werden.

Lösung der Fallstudie II zum Kapitel 2

Fixkosten	je AT	Parameter	je Monat
Leasingrate LKW	152,38 €		3.200 €
Leasingrate Lafette	19,05 €		400 €
Lohn (für 2 Fahrer)	190,48 €		4.000 €
AG-Nebenkosten (für 2 Fahrer)	38,10 €	20%	800 €
Personalkosten (für 2 Fahrer)	228,57 €		4.800 €
Fehlzeitenausgleich (für 2 Fahrer)	29,93 €	33 Tage je Fahrer	629 €
Spesen für (2 Fahrer)	12,00 €		252 €
Kommunikationskosten	1,43 €		30 €
Gesamt inkl. Nebenkosten	**443,36 €**		**9.311 €**
Gesamt ohne Spesen	**431,36 €**		**9.059 €**

Variable Kosten	je AT	Parameter	je Monat
Fahrleistung	900 km		18.900 km
Verbrauch		33 l/100 km	
Treibstoffkosten	356,40 €	1,2 €/Liter	7.484 €
Schmierstoffzuschlag	3,56 €	1%	75 €
Gesamt	**359,96 €**		**7.559 €**

Maut	je AT	Parameter	je Monat
Nacht-Km	600 km	97%	12.600 km
Mautbetrag	104,76 €		2.200 €
Tag-Km	300 km	56%	6.300 km
Mautbetrag	30,24 €		635 €
Gesamt	**135,00 €**		**2.835 €**

Kostenaufstellung	je AT	Parameter	je Monat
fixe Kosten	443,36 €		9.311 €
variable Kosten	359,96 €		7.559 €
Maut	135,00 €		2.835 €
Gesamt	**938,32 €**		**19.705 €**

a) Die Kosten betragen ohne Maut 803,32 € je Einsatztag und 0,89 € je Km.
Die Kosten betragen mit Maut 938,32 € je Einsatztag und 1,04 € je Km.

b) Es fallen Kosten je Arbeitstag in Höhe von 431,36 € (Fixkosten ohne Spesen) an.

c) Personalkosten: 271,93 € (33,85 %)
Treib- und Schmierstoffkosten: 359,96 € (44,81 %)
Kapitalkosten: 171,43 € (21,34 %)

Lösung der Fallstudie III zum Kapitel 2

1	Kalkulator(en)	Barwig / Hartmann			
2	Datei	FZKR-40to.xls			
3	Bezeichnung	Sattelzugmaschine			
4	Polizeiliches Kennzeichen / Wagen-Nr.	MA-DH 13			
5	***TECHNISCHE DATEN***				
6	Hersteller	Mercedes Benz			
7	Typ	MB Actros 8044			
8	Baujahr	2011			
9	Anschaffungsjahr	2011			
10	Aufbau	Sattel			
11	Leistung (KW)	300			
12	Reifengröße	315/70 R 22,5			
13	Zahl der Reifen	6			
14	Zulässiges Gesamtgewicht (to)	40		Zugmaschine+Auflieger	
15	Nutzlast (to)	24			
16	***KALKULATIONSDATEN***				
17	geschätzte Lebensdauer (Jahre)	5			
18	geschätzte Lebensdauer (km)	1.000.000			
19	geschätzte km-Leistung pro Jahr	200.000			
20	Anteil Autobahnkilometer in %	90%			
21	geschätzte km-Leistung pro Einsatztag	800			
22	geschätzte Einsatztage pro Jahr	250			
23	*Lebensdauer der Reifen in km*			*Reifenkostenberechnung:*	
24	Vorderachse: Neureifen	120.000		8.333,33 €	
25	Hinterachse: Neureifen	140.000		2.000,00 €	
26	Hinterachse: runderneuerte Reifen	130.000		9.261,54 €	pro Jahr
27	*Insgesamt verbrauchte Reifen*			**19.594,87 €**	**3.918,97 €**
28	Vorderachse: Neureifen	16,67			
29	Hinterachse: Neureifen	4			
30	Hinterachse: Runderneuerte Reifen	26,46			
31	Wiederbeschaffungspreis eines Neureifens (in €)	500			
32	WB-Preis eines runderneuerten Reifens (in €)	350			
33	WB-Wert Bereifung inkl. Reserverad (in €)	3.500			
34	Kraftstoffverbrauch (l/100km)	33,15			
35	Preis pro l / Eigenbetankung (in €)	1,18			
36	Anteil Eigenbetankung in %	95%			
37	Preis pro l / Fremdbetankung (in €)	1,22			
38	Anteil Fremdbetankung in %	5%		Ø Preis pro l:	1,182
39	Tagesumsatz pro Einsatztag (in €)	950			
40	Geldeingangszeit in Tagen	26			
41	Kalk. Zinssatz pro Jahr	7%			
42	geschätzte Preissteigerung pro Jahr	1,5%			
43	***KAPITALWERTE (in €)***				
44	Anschaffungswert mit Bereifung		99.570,00 €		
45	Anschaffungswert ohne Bereifung		96.070,00 €		
46	Restwert ohne Bereifung		13.940,00 €		
47	WBW ohne Bereifung		**103.494,67 €**		
48	gebundenes Anlagevermögen		56.755,00 €		
49	gebundenes Umlaufvermögen		24.700,00 €		
50	betriebsnotwendiges Kapital		81.455,00 €		
51	***FAHRZEUGKALKULATION (GESAMTERGEBNIS)***				
52	Variable Kosten in €/km			**0,6191 €**	
53	Fixe Kosten in €/Tag				**608,02 €**
54	Abschreibungssumme (S)		89.554,67 €		

Nr.					
55	*KALKULATION*				
56	***VARIABLE KOSTEN***			**€ pro km**	
57	Kalk. Abschreibungen (Abnutzung)	50%	8.955,47 €	0,0448 €	
58	Kraftstoffkosten		78.366,60 €	0,3918 €	
59	Schmierstoffkosten + Add blue als Zuschlag	1,5%	1.175,50 €	0,0059 €	
60	Reifenkosten		3.918,97 €	0,0196 €	
61	Reparaturkosten:				
62	- eigene Werkstatt		2.500,00 €		
63	- fremde Werkstatt		1.000,00 €	0,0175 €	
64	Mautkosten (Euro V, 4 Achsen)	0,155 €/km	27.900,00 €		
65	**Gesamte variable Kosten**		**123.816,54 €**	**0,6191 €**	
66	***FIXE KOSTEN***				**€ pro Tag**
67	Brutto-Fahrerlöhne		37.200,00 €		
68	Anzahl der Fahrer	2			
69	Einsatztage	250			
70	Urlaubstage	30			
71	Krankheitstage	8			
72	Produktivtage Stammfahrer	212			
73	bezahlte Arbeitstage	288			
74	Personalfaktor	1,15	85.708,80 €		342,84 €
75	Sozialaufwendungen (in Prozent der Fahrerlöhne)	27%	23.141,38 €		92,57 €
76	Spesen (in €/Tag)	6	3.000,00 €		12,00 €
77	**Gesamte Personalkosten (PK)**		**111.850,18 €**		**447,40 €**
78	Kalk. Verzinsung des LKW und des UV		5.701,85 €		22,81 €
79	Kalk. Abschreibung (Entwertung)	50%	8.955,47 €		35,82 €
80	KFZ-Steuer		600,00 €		2,40 €
81	KFZ-Haftpflichtversicherung		929,00 €		3,72 €
82	KFZ-Kaskoversicherung pro Jahr (in €)	7.912,80			
83	Ø KFZ-Kaskoversicherung (bei Anteil Jahren)	1,5	2.373,84 €		9,50 €
84	Güterschadenshaftpflichtversicherung		360,50 €		1,44 €
85	Mietkosten Sattelauflieger		7.800,00 €		31,20 €
86	Kommunikationskosten		492,00 €		1,97 €
87	Sonstige Betriebskosten		300,00 €		1,20 €
88	**Zwischensumme I: fixe Kosten ohne PK**		**27.020,66 €**		**108,08 €**
89	**Zwischensumme II: fixe Kosten mit PK**		**138.870,83 €**		**555,48 €**
90	**Einsatzkosten vor Gemeinkosten**		**262.687,37 €**		
91	Kalk. Wagniskosten (als Anteil der Einsatzkosten)	3%	7.880,62 €		31,52 €
92	Allg. Verwaltungskosten (als Anteil der Einsatzkosten)	2%	5.253,75 €		21,01 €
93	**Gesamte fixe Kosten + Gemeinkosten**		**152.005,20 €**		**608,02 €**
94	**Gesamtkosten (fix und variabel)**		**275.821,74 €**	**1,3791 €**	**1.103,29 €**

Lösungen der Übungsaufgabe zum Kapitel 3

Aufgabe 18:

Umlage der Kosten Verwaltung/GF auf Basis der im Sammelguteingang und Sammelgutausgang relativ (prozentual) angefallenen Personalkosten:

$$\text{SE: } \frac{6.000\,€}{23.000\,€} = 26{,}1\,\% \text{ bzw. } 3.795\,€ \text{ von } 14.540\,€$$

$$\text{SA: } \frac{17.000\,€}{23.000\,€} = 73{,}9\,\% \text{ bzw. } 10.745\,€ \text{ von } 14.540\,€$$

DB-Ergebnis:

SE: 9.558 € - 3.795 € = + 5.763 €

SA: 6.137 € - 10.745 € = - 4.608 €

Fazit: Auf dieser Umlagebasis ergibt sich ein noch ungünstigeres Ergebnis für den Sammelgutausgang. Jedoch zeigt sich dadurch auch, dass auf dieser Kostenstelle die Personalkostenintensität (s. *Kap. 5.1.3*) deutlich höher ist.

Lösung der Fallstudie IV zum Kapitel 3

Kostenarten \ Kostenstellen	Gesamt	GF	Buchhaltung	EDV	U-Lager	Fuhrpark	SE	SA
Speditionserlöse	105.200 €					4.700 €	30.500 €	70.000 €
Speditionskosten	35.000 €						11.500 €	23.500 €
Bruttonutzen	70.200 €					4.700 €	19.000 €	46.500 €
Personalkosten	35.225 €	6.000 €	3.000 €	3.250 €	10.275 €	7.000 €	2.500 €	3.200 €
Kommunikationskosten	1.875 €	500 €	200 €	250 €	50 €	100 €	225 €	550 €
Materialkosten	1.500 €	100 €	150 €	500 €	25 €	50 €	300 €	375 €
Kraftstoffkosten	3.500 €	250 €				3.250 €		
Versicherung/Steuern	1.975 €	600 €		75 €	100 €	1.200 €		
Bewirtungs-/Werbe-/Reisekosten	900 €	900 €						
Reparaturkosten/kalk. Wagniskosten	3.525 €	100 €	75 €	250 €	600 €	2.250 €	100 €	150 €
Kalk. Abschreibungen	5.155 €	400 €	150 €	1.500 €	1.050 €	1.850 €	95 €	110 €
Kalk. Zinsen	2.790 €	40 €	50 €	250 €	450 €	850 €	350 €	800 €
Energiekosten	565 €	45 €	33 €	27 €	400 €		30 €	30 €
Raumkosten	2.625 €	225 €	165 €	135 €	1.800 €		150 €	150 €
Gesamtkosten vor ILV	59.635 €	9.160 €	3.823 €	6.237 €	14.750 €	16.550 €	3.750 €	5.365 €
ILV: Fuhrpark						-10.700 €	6.000 €	4.700 €
ILV: U-Lager					-13.650 €		5.850 €	7.800 €
ILV: Buchhaltung		225 €	-5.895 €	45 €	45 €	90 €	3.240 €	2.250 €
ILV: EDV		273 €	2.122 €	-6.255 €			1.233 €	2.627 €
Gesamtkosten in ILV	59.635 €	9.658 €	50 €	27 €	1.145 €	5.940 €	20.073 €	22.742 €
ILV: Restumlage Buchhaltung			-50 €			1 €	29 €	20 €
ILV: Restumlage EDV				-27 €			9 €	18 €
ILV: Restumlage U-Lager					-1.145 €		491 €	654 €
Gesamtkosten nach ILV	59.635 €	9.658 €				5.941 €	20.593 €	23.416 €
DB I	20.250 €					-1.241 €	-1.593 €	23.084 €
Umlage GF		-9.658 €				647 €	2.614 €	6.397 €
DB II	10.592 €					-1.888 €	-4.207 €	16.687 €
Umlage Zentrale	4.212 €					282 €	1.140 €	2.790 €
DB III	6.380 €					-2.170 €	-5.347 €	13.897 €

Anmerkungen zur BAB-Musterlösung:

- Energiekosten sowie Raumkosten sind Kostenstellengemeinkosten und sind auf Basis des Schlüssels Quadratmeter zu verteilen.
- Die gegenseitigen Leistungsverflechtungen bedingen, dass die Hilfskostenstellen nach der ILV nicht vollständig umgelegt sind. Die verbleibenden Kosten auf den Hilfskostenstellen können auf der Basis der ursprünglichen ILV verteilt werden, um die Hilfskostenstellen vollständig aufzulösen.
- Die Umlagen der Geschäftsführung und der Zentrale auf Basis des Bruttonutzens führen zu Kostenverzerrungen. Die einzige Kostenstelle mit positivem Ergebnis, der Sammelgutausgang, wird entsprechend des Kostentragfähigkeitsprinzips übermäßig belastet.

Lösungen der Übungsaufgaben zum Kapitel 4

Aufgabe 19:

Sdg.	Absender-gewicht	cbm	Sperrigkeits-faktor	Einheits-gewicht	Verteilungs-schlüssel HL I	Kostenverteilung Absendergewicht	Verteilungs-schlüssel HL II	Kostenverteilung Einheitsgewicht
1	350 kg	3,00	1,71	598,5 kg	16,2%	**40,16 €**	11,5%	**56,64 €**
2	100 kg	1,50	3,00	300,0 kg	8,1%	**11,48 €**	3,3%	**28,39 €**
3	100 kg	2,00	4,00	400,0 kg	10,8%	**11,48 €**	3,3%	**37,85 €**
4	400 kg	3,50	1,75	700,0 kg	18,9%	**45,90 €**	13,1%	**66,24 €**
5	750 kg	3,00	0,80	600,0 kg	16,2%	**86,07 €**	24,6%	**56,78 €**
6	250 kg	1,00	0,80	200,0 kg	5,4%	**28,69 €**	8,2%	**18,93 €**
7	300 kg	1,50	1,00	300,0 kg	8,1%	**34,43 €**	9,8%	**28,39 €**
8	800 kg	3,00	0,75	600,0 kg	16,2%	**91,80 €**	26,2%	**56,78 €**
	3.050 kg			**3.698,5 kg**	100,0%	**350,00 €**	100,0%	**350,00 €**

Auf Basis der Äquivalenzzifferntabelle lassen sich über die Sperrigkeitsfaktoren die Einheitsgewichte berechnen. Dies führt sendungsbezogen zu stark differierenden Ergebnissen, je nachdem ob mit dem Absendergewicht oder dem Einheitsgewicht kalkuliert wird.

Es lassen sich folgende 100 kg-Sätze für den Hauptlauf ermitteln:

$$\frac{350{,}00\,€ \times 10}{3.050\,\text{kg}} = 11{,}48\,€ \text{ per } 100\,\text{kg (Absendergewicht)}$$

$$\frac{350{,}00\,€ \times 10}{3.698{,}5\,\text{kg}} = 9{,}46\,€ \text{ per } 100\,\text{kg (Einheitsgewicht)}$$

Aufgabe 20:

Die Umlage der IT-Kosten kann auf Basis der Produktionskosten oder auf Basis der Mitarbeiter gerechnet werden.

- Umlage der IT- Kosten nach Produktionskosten:

$$\frac{6.000\,€}{99.000\,€} \times 100 = 6{,}06\,\%\text{ Zuschlag IT-Kosten}$$

- Umlage der IT- Kosten nach Mitarbeitern:

$$\frac{6.000\,€}{7{,}5\,\text{Mitarbeiter}} = 800\ €\ \text{Zuschlag IT-Kosten pro Mitarbeiter}$$

Berechnung der IT-Zuschläge pro Abteilung nach Produktionskosten:

Abteilung	Produktionskosten	Zuschlag	Buchungen/ Sendungen	IT-Kosten pro Buchung/Sendung
Buchhaltung	3.800 €	230,28 €	2.800	0,08 €/Buchung
SE	27.250 €	1.651,35 €	3.600	0,46 €/Sendung
SA	43.200 €	2.617,92 €	5.400	0,48 €/Sendung

Berechnung der IT-Zuschläge pro Abteilung nach Mitarbeitern:

Abteilung	Mitarbeiter	Zuschlag	Buchungen/ Sendungen	IT-Kosten pro Buchung/Sendung
Buchhaltung	1	800,00 €	2.800	0,29 €/Buchung
SE	1	800,00 €	3.600	0,22 €/Sendung
SA	2,25	1.800,00 €	5.400	0,33 €/Sendung

Fazit: Ein starker Unterschied in der Kostenumlage, je nach gewähltem Schlüssel!

Aufgabe 21:

Blocklager:	Lagerfläche	3.976 m^2
	pro Palette	1,4 m^2
	Auslastung	85 %

- Paletten pro Schicht: $\frac{3.976\,m^2}{1{,}4\,m^2} =$ 2.840 Palettenplätze

- 3 Schichten: 3 × 2.840 PPL = 8.520 Palettenplätze

- Auslastung von 85 %: 8.520 PPL × 0,85 = 7.242 Paletten

- 7.242 Paletten × 0,4 = 2.896,8 Paletten à 800 kg
- 7.242 Paletten × 0,6 = 4.345,2 Paletten à 500 kg

- Gewichte: 2.896,8 Paletten à 800 kg = 2.317.440 kg
  4.345,2 Paletten à 500 kg = 2.172.600 kg

- Kosten:	15.000 €	Miete pro Monat
	+ 1.150 €	Nebenkosten pro Monat
	= 16.150 €	Gesamtkosten pro Monat

a) Monats-Satz pro Palette: $\frac{16.150\,€}{7.242\text{ Paletten}} = 2{,}23\,€/\text{Palette}$

b) Monats-Satz pro 100 kg: $\frac{16.150\,€}{4.490.040\text{ kg}} = 0{,}36\,€\text{ per } 100\text{ kg}$

Aufgabe 22:

Ggf. Skizze zeichnen zur Verdeutlichung, dass nur Mannheim – Köln kalkuliert wird.

- variable Fahrzeugkosten:	
251 km à 0,43 €/km	107,93 €
- fixe Fahrzeugkosten: 8,5 von 16,5 Stunden	
½ von 8,5/16,5 × 123,75 €/Tag	+ 31,88 €
- Fahrpersonalkosten:	
½ von 150,00 €/Nacht	+ 75,00 €
- Equipmentkosten:	
2 Wechselbrücken à 8,25 €/Tag	+ 16,50 €

(Voraussetzung: Wechselbrücken werden tagsüber zum Vorladen benutzt. Bei Einsatz tagsüber im Nahverkehr darf nur die Hälfte angesetzt werden.)

Kosten der Relation MA – Köln / Köln – MA: = 231,31 €

a) 100 kg - Sätze:

Mannheim – Köln: $\frac{231{,}31\,€}{125} = 1{,}85\,€\text{ per } 100\text{ kg}$

Köln – Mannheim: $\frac{231{,}31\,€}{112} = 2{,}07\,€\text{ per } 100\text{ kg}$

b) 100 kg - Sätze bei veränderter Auslastung:

Mannheim – Köln: $\frac{231{,}31\,€}{135} = 1{,}71\,€\text{ per } 100\text{ kg}$

Köln – Mannheim: $\frac{231{,}31\,€}{102} = 2{,}27$ € per 100 kg

Es zeigen sich deutlich die Kostendegressionseffekte als Folge unterschiedlicher Fahrzeugauslastungen.

c) $\frac{275\,€}{14\,LM} = 19{,}64$ € pro LM

4 LM × 19,64 €/LM= 78,57 € Minimum

Mannheim – Köln: $\frac{231{,}31\,€ + 78{,}57\,€}{135 + 20} = 2{,}00$ € per 100 kg

Die Minimumpauschale führt hier – trotz erhöhter Auslastung – zu einem Anstieg der Kosten per 100 kg.

Aufgabe 23:

a) Verchartern: 350 € - 300 € = 50 € - 25 € (Verwaltungskosten) = 25 € Erlös

b) In den HL einspeisen: Check der Kapazität

$\Rightarrow$ 70 % von 14 LM = 9,8 LM + 4 LM = 13,8 LM

Komponenten	Vollkosten	Grenzkosten
Hauptlauf: 40 × 4,00 € =	160 €	0 €
Abholung:	50 €	50 €
Umschlag: 40 × 1,20 € =	48 €	25 % v. 48 € = 12 €
Zustellung:	90 €	90 €
Verwaltungskosten:	25 €	25 €
Summe:	373 €	177 €

Fazit: Bei Vollkostenbetrachtung wird zwar ein Verlust von 23 € erzielt, bei Grenzkostenbetrachtung jedoch ein Deckungsbeitrag von 173 € (350 € - 177 €).

Aufgabe 24:

a) Feststellung der Stundenleistung durch mehrere Stichproben bei mehreren Arbeitern.

b) Kalkulationsvarianten:

- Berechnung der Stundenleistung

$\frac{1.800\,kg}{20\,kg} = 90$ Pakete pro Stunde

- kleine Palette: $\frac{32}{90}$ = 0,36 Stunden/Palette

  0,36 Stunden à 30,00 €/Stunde = 10,80 €/Palette

- große Palette: $\frac{40}{90}$ = 0,44 Stunden/Palette

  0,44 Stunden à 30,00 €/Stunde = 13,20 €/Palette

c) Es fehlt die Information, ob pro Palette (klein/groß), pro 100 kg oder pro Karton zu kalkulieren ist.

Aufgabe 25:

Zu bauende Displays: $\frac{100 \times 1.000\,\text{Tüten}}{95} = 1.052{,}63 \sim 1.052$ Displays

$\Rightarrow$ 60 überzählige Tüten verleiben für den nächsten Auftrag

Zeitbedarf:

Für eine einheitliche Vorgehensweise sollte festgelegt werden, ob man den Zeitbedarf auf Sekunden-, Minuten oder Stundenbasis kalkuliert.

- Bereitstellung:	100 Paletten à 5 Min. =	500,00 Minuten
- Displaybau:	1.052 Displays à 3 Min. =	3.156,00 Minuten
- Befüllung:	$(1.052 \times 95 \times 4{,}3 \times 1{,}2) \div 60 =$	8.594,84 Minuten
- Folierung:	1.052 Displays × 1,2 =	1.262,40 Minuten
SUMME Zeitbedarf:		13.513,24 Minuten
		~ 225,22 Stunden

Kosten:

- Lohn:	225,22 h × 35,50 € =	7.995,31 €
- Material:	$\frac{1.052\ \text{Displays}}{8} \times 0{,}70\ € =$	92,05 €
- SUMME Kosten		8.087,36 €
Kosten pro Display:	$\frac{8.087{,}36\ €}{1.052} =$	7,69 € pro Display
Preis pro Display:	7,69 € × 1,08 =	8,30 € pro Display

Aufgabe 26:

Kosten pro Woche bei Lkw-Direkttransport:

$$\frac{950\text{ to}}{25\text{ to}} = 38\text{ Sendungen} \times 1.050\text{ €} = 39.900\text{ €}$$

Kosten pro Woche bei Schienentransport:

- Kosten Gleisanschluss

Anteilige Abschreibungen: $\frac{150.000\text{ €}}{52 \times 950\text{ to}} =$ 0,60 €/to

Grenzkosten (Wartung): $\frac{7.500\text{ €}}{49.400\text{ to}} =$ 0,15 €/to

- Transportkosten Schiene (Hauptlauf) = $\frac{29.000\text{ €}}{950\text{ to}} =$ 30,53 €/to

- Railport (Umschlag) = 2,00 €/to

- Railport (Nachlauf) = $\frac{200\text{ €}}{25\text{ to}} =$ 8,00 €/to

Kosten Schienentransport (pro Tonne) = 41,28 €/to

Gesamtkosten Schienentransport = 41,28 €/to × 950 to = 39.216 €

Der Umstieg auf den Schienentransport bringt eine Ersparnis von 684 € pro Woche oder 35.568 € pro Jahr.

Aufgabe 27:

Berechnung der Sendungserlöse gemäß Tarif ohne Margen:

Sendung A: 90 kg, 140 km =	59,00 €
Sendung B: 320 kg, 162 km =	166,50 €
Sendung C: 380 kg, 670 km =	188,50 €
SUMME	414,00 €

Berechnung der Sendungskosten der Spedition:

Tätigkeit	Sendung A	Sendung B	Sendung C
Vorlauf	9,00 €	15,00 €	17,00 €
Umschlag SA	2,61 €	9,28 €	11,02 €
Hauptlauf	2,70 €	10,40 €	36,10 €

Umschlag SE	2,61 €	9,28 €	11,02 €
Nachlauf	11,00 €	17,00 €	23,00 €
Verwaltung	25,00 €	25,00 €	25,00 €
Gesamtkosten	52,92 €	85,96 €	123,14 €

Die über die drei Sendungen summierten Speditionskosten liegen bei 262,02 €.

Berechnung der maximalen Marge bei 5 % Gewinnzuschlag:

Kosten:	262,02 €
zzgl. 5% Gewinn:	13,10 €
Preisangebot:	275,12 €

Bei einem Haus-Haus-Entgelt für die Sammelgutsendungen von 414,00 € errechnet sich folgende, maximale Marge:

$$\frac{414{,}00\,€ - 275{,}12\,€}{414{,}00\,€} = \frac{138{,}88\,€}{414{,}00\,€} = 0{,}335 = 33{,}5\,\%$$

Lösung der Fallstudie V zum Kapitel 4

Variable Kosten /Jahr (Kosten der Fortbewegung):

Kalk. Abschreibung für Abnutzung (70 %) von Kasko und Maschine:	67.203 €
Gasölverbrauch:	624.000 €
Schmierstoffe/Öle (3 % Zuschlag auf Gasöl):	18.720 €
Reparaturen:	35.000 €
Attestverlängerung und Motorenrevision:	50.000 €
Variable Kosten (Gesamt):	**794.923 €**

Fixe Kosten /Jahr (Kosten der Bereithaltung):

Personalkosten:	440.000 €
Kalk. Abschreibung für Entwertung (30%) von Kasko und Maschine:	28.801 €
Verzinsung des durchschnittlich gebundenen Kapitals:	69.750 €
Schiffsversicherung:	35.000 €
Sonstige Kosten:	30.000 €
Fixe Kosten (Gesamt):	**603.551 €**
∑ Variable und fixe Kosten:	**1.398.474 €**
Zzgl. Kalkulatorische Wagniskosten in Höhe von 3 %:	41.954 €

Gesamtkosten/Jahr: **1.440.428 €**

Kosten pro TEU:

204 TEU × 50 Wochen = 10.200 TEU × 0,7 = 7.140 TEU

$$\frac{1.440.428\,€}{7.140\,\text{TEU}} = 201{,}75\,€$$

Lösungen der Übungsaufgaben zum Kapitel 5

Aufgabe 28:

Rohertragsmarge SE: $\frac{47.500\,€}{85.000\,€} = 55{,}9\,\%$

Rohertragsmarge SA: $\frac{105.00\,€}{180.000\,€} = 58{,}3\,\%$

Erlös per 100 kg im SE: $\frac{85.000\,€}{1.400\,\text{to} \times 10} = 6{,}07\,€$

Erlös per 100 kg im SA: $\frac{180.000\,€}{1.300\,\text{to} \times 10} = 13{,}85\,€$

Aufgabe 29:

Nudelfix	**September**	**Oktober**	**November**	**Dezember**
Erlös/Sendung	40,98 €	41,31 €	41,71 €	42,60 €
Erlös/Sendung, indiziert (September = 100)	100,00	101,01	101,02	101,04
Erlös/100 kg	11,09 €	12,93 €	13,66 €	12,70 €
NV-Kosten per 100 kg	1,66 €	1,81 €	1,83 €	1,77 €
Rohertragsmarge	49,3%	50,7%	50,6%	47,3%
DB III-Marge	7,7%	3,4%	2,8%	-1,1%

Während die Erlöse pro Sendung und auch die gewichtsbasierten Kennzahlen im Betrachtungszeitraum relativ stabil bleiben, erkennt man bei der DB III-Marge einen kontinuierlichen Rückgang, bis schließlich sogar negative Werte erzielt werden. Ursache dafür sind die im Zeitablauf stetig gestiegenen, eigenen Produktionskosten (Hauptlaufkosten, Nahverkehrskosten, Umschlagkosten).

Lösungen der Übungsaufgabe zum Kapitel 6

Aufgabe 30:

Berechnung 100 kg-Satz: $\frac{10.300\,€}{500.000\,\text{kg}} \times 100 = 2{,}06\,€/100\,\text{kg}$

Berechnung lmn-Kosten: $\frac{6.550\,€}{2.500\,\text{Sdg.}} = 2{,}62\,€/\text{Sdg.}$

Berechnung lmi-Kosten:

- Umschlagen (Zeit): 2 min. × 5.000 = 10.000 min.
- Sortieren (Zeit): 8 min. × 750 = 6.000 min.

- Umschlagen (Kosten): $3.750\,€ \times \frac{10.000\,\text{min.}}{16.000\,\text{min.}} = 2.343{,}75\,€$
- Sortieren (Kosten): $3.750\,€ \times \frac{6.000\,\text{min.}}{16.000\,\text{min.}} = 1.406{,}25\,€$

⇒ Prozesskostensatz

Umschlag: $\frac{2.343{,}75\,€}{5.000} = 0{,}47\,€/\text{Palette}$

Sortierung $\frac{1.406{,}25\,€}{750} = 1{,}875\,€/\text{Palette}$

Ergebnisse:	100 kg-Basis	PKR-Basis
a) 1 Palette mit 800 kg ohne Sortierung	16,48 €/Sdg.	3,09 €/Sdg.
b) 5 Paletten mit 300 kg und Sortierung	6,18 €/Sdg.	14,35 €/Sdg.

Fazit: Völlig verschiedene Ergebnisse, da die Prozesskostenrechnung im Gegensatz zur pauschalen 100 kg-Satz-Kalkulation die tatsächlichen Abläufe (Umschlag, Sortierung) und deren zeitliche Inanspruchnahme betrachtet.

Anhang

Kostenentwicklung im Güterkraftverkehr — Einsatz im Fernbereich (national) — von Juli 2010 bis Juli 2011

Kostenart	Kostenstruktur 2007 (durchschnittl. Anteil an den Gesamtkosten)	Kosten-veränderungen von Juli 2010 bis Juli 2011	Auswirkungen der Kosten-veränderungen auf die Gesamtkosten
	in %		
Personalkosten Fahrer [1] ohne Spesen	***26,30***		***+ 0,31***
Lohn	20,14	+ 1,66 [2]	+ 0,33
gesetzliche Sozialaufwendungen	4,91	- 0,94	- 0,05
sonstige	1,25	+ 2,34	+ 0,03
Fahrerspesen [3]	***2,26***		***0,00***
Fahrerspesen	2,26	0,00	0,00
Fahrzeugeinsatzkosten (km-abhängige Leistungskosten)	***48,15***		***+ 4,86***
km-abhängige Abschreibung	4,26	+ 2,19	+ 0,09
Kraftstoffkosten	25,86	+ 16,37	+ 4,23
Kosten zusätzl. Betriebsmittel (Harnstoff)	0,40	+ 4,81	+ 0,02
Schmierstoffkosten	0,91	+ 18,39	+ 0,17
Wartungs- und Reparaturkosten	6,30	+ 2,65	+ 0,17
Fzg.-Reinigungskosten (Außenreinigung)	0,66	+ 1,78	+ 0,01
Reifenkosten	2,29	+ 14,97	+ 0,34
km-bezogene Straßenbenutzungsgebühren	6,80	- 3,05 [4]	- 0,21
sonstige Einsatzkosten	0,67	+ 5,78	+ 0,04
Fahrzeugvorhaltekosten (Fixkosten)	***12,72***		***+ 0,25***
zeitabhängige Abschreibung	4,26	+ 2,19	+ 0,09
Fremdfinanzierungskosten	1,43	+ 3,05	+ 0,04
Prüfgebühren	0,20	+ 1,45	0,00
zeitbezogene Straßenbenutzungsgebühren	0,00	0,00	0,00
Kfz.-Steuer	0,52	0,00	0,00
Versicherungen	4,20	0,00	0,00
sonstige Fixkosten [5]	2,11	+ 5,78	+ 0,12
Verwaltungskosten (Gemeinkosten)	***10,57***		***+ 0,35***
Personalkosten	6,09	+ 4,16	+ 0,25
Sachkosten	4,48	+ 2,34	+ 0,10
Insgesamt	***100,00***		***+ 5,77***

1) inklusive Fahrpersonalbereitschaft.
2) Entwicklung der Tarifverdienste.
3) inklusive der durchschnittlich sozialversicherungspflichtigen Anteile.
4) Bestimmung der Durchschnittsmaut anhand der Mautstatistiken des BAG bei Änderungen der Mautsätze, mindestens jedoch einmal pro Jahr (Bezugsmonat Dezember).
5) inklusive anteilige Kosten überzählige ANH/SANH, WB.

Quellen: Statistisches Bundesamt, Wiesbaden; KRAVAG, Hamburg; Deutsche Bundesbank, Frankfurt; eigene Erhebungen.

35. Ergänzungslieferung / Oktober 2011 Register 7 / Seite 15

Anhang 1: Kostenentwicklung im Güterkraftverkehr – Einsatz im Fernbereich (national) – von Juli 2010 bis Juli 2011
(Quelle: www.bgl-ev.de/web/initiativen/kosten_kalkulator.htm&v=2)

Haus-Haus-Entgelte

Entfernung in km	Gewicht in kg 1 - 50	51 - 100	101 - 200	201 - 300	301 - 400
	€	€	€	€	€
1 - 100	31,50	53,40	75,60	109,60	140,50
101 - 200	34,10	59,00	86,90	128,30	166,50
201 - 300	34,70	60,10	88,60	131,40	171,00
301 - 400	34,80	60,50	89,40	133,10	173,20
401 - 500	35,00	61,00	90,50	134,60	175,40
501 - 600	35,70	61,90	92,20	137,50	179,60
601 - 700	36,30	63,80	95,90	143,70	188,50
701 - 800	36,90	64,70	97,80	146,90	192,60
801 - 1000	37,50	66,50	101,50	153,20	201,70

Entfernung in km	Gewicht in kg 4011 - 500	501 - 600	601 - 700	701 - 800	801 - 900
	€	€	€	€	€
1 - 100	167,90	195,60	229,00	262,10	272,90
101 - 200	201,70	236,60	277,40	318,00	336,00
201 - 300	207,00	243,50	285,30	327,40	346,50
301 - 400	209,60	246,80	289,50	323,10	352,20
401 - 500	212,60	250,20	293,30	336,50	357,20
501 - 600	218,50	257,10	301,50	346,00	367,70
601 - 700	229,40	270,80	317,80	364,80	388,90
701 - 800	234,60	277,70	325,70	373,80	399,40
801 - 1000	246,20	291,20	342,00	392,60	420,70

Entfernung in km	Gewicht in kg 901 - 1000	1001 - 1250	1251 - 1500	1501 - 2000	2001 - 2500	2501 - 3000
	€	€	€	€	€	€
1 - 100	303,40	330,80	358,70	369,00	369,90	370,60
101 - 200	374,20	414,70	454,70	472,70	493,30	511,80
201 - 300	386,00	428,80	471,00	490,00	513,80	535,20
301 - 400	392,00	435,70	479,20	498,50	523,90	547,10
401 - 500	397,80	442,90	487,20	507,10	534,40	558,80
501 - 600	409,60	456,80	503,40	524,50	554,90	582,40
601 - 700	433,20	484,70	535,40	558,90	595,90	629,40
701 - 800	444,80	498,50	551,50	576,20	616,70	652,90
801 - 1000	468,40	526,50	583,70	611,00	657,70	699,80

Anhang 2: Auszug aus dem Tarif für den Spediteur Sammelgut-Verkehr (Stand: 1. September 2008)
(Quelle: Vereinigung der Sammelgutspediteure im BSL (Hrsg.), 2008)

Stichwortverzeichnis

A

Abgaben an die öffentliche Hand 24, 42ff.
Abgrenzungsrechnung 23
Absatzleistung 5
Abschreibung, arithmetisch-degressive 29
Abschreibung, geometrisch-degressive 29
Abschreibung, kalkulatorische 5, 25ff., *152*
- leistungsbezogen linear 25, 28
- Wertentwicklung 27
- zeitbezogen linear 25, 26
Abschreibung, progressive 29
Abschreibungssumme 5, 26
Abschreibungsverfahren 25
Absetzung für Abnutzung (AfA) 30, *151*
Abzugskapital 32
AfA, geometrisch-degressive 31
AfA-Tabelle 30
Aktivitäten 139
Allgemeine Unternehmenswagnisse 36
Anderskosten 6, 30, 39, *151*
Anschaffungswert 30
Äquivalenzziffern 91, 92
Äquivalenzziffernrechnung 91, 92, 93
Äquivalenzzifferntabelle 92
Auftrags-Einzelkosten 15
Auftrags-Gemeinkosten 15
Auftragskalkulation 99ff.
- im Schienengüterverkehr 111, 112, 113
- in der Binnenschifffahrt 113, 114, 116
Aufwand 5, 7, 8, *151*
Aufwand, neutraler 5, 7
Ausgabe 7, 8
Auszahlung 7, 8

B

Beiträge 42
Benchmarking 3, 134, 135, *151*
Benchmarking, generisches 134
Benchmarking, internes 134
Benchmarks 129, 134
Beschaffungspreisobergrenze 3
Betriebsabrechnungsbogen (BAB) 2, 67, 72, *151*
Betriebsergebnis 68
Betriebskostenstellen 65, 66
Betriebsmittel 24
Betriebsmittelkosten 24ff.
Betriebsvergleich 3
Bruttonutzen 68, *151*
Bruttospeditionserlös 68
Buchhaltung 1

D

Deckungsbeitrag 68, 72, 137
Deckungsbeitragsrechnung 137
Deckungsbeitragsrechnung, mehrstufige *151*
Delkredere-Wagniskosten 38
Dienstleistungsaufwand 45
Dienstleistungskosten 24, 45
Direkttransportkalkulation 102
Divisionskalkulation 90, 91
Durchschnittsprinzip 9, 29, 31, 48
Durchschnittsverzinsung 33

E

Eigenleistung 5
Einkommenssteuer 43
Einnahme 7
Einzahlung 7
Einzelkosten 14, *151*
Einzelkostenkalkulation 104
Einzelwagnisse 36, 37
Endkostenstellen 64, 66
Entscheidungsrechnung 3
Erfolgsrechnung, kurzfristige 2, 116ff.
Erinnerungswert 30
Ertrag 5, *151*
Ertrag, neutraler 5, 6

F

Fahrzeugkostenrechnung 49ff.
Fixkosten 10, 14
Fixkosten, Variabilisierung von 12, *154*
Fixkostendegression 10, 11, 12, *152*
Fortschreibungsmethode 40, *152*
Fremdleistungskosten 24, 45
Fremdvergabe 3

G

Gebühren 42
Gemeinkosten 14, *152*
Gemeinkosten, primäre 63, 68
Gemeinkosten, sekundäre 68
Gemeinkosten, unechte 15, 41
Gewerbeertragssteuer 43
Gewinnsteuern 42, 43
Grenzerlöse 16, *152*
Grenzkosten 16, 108, 109, *152*
Grenzkostenkalkulation 104
Grenzkostenrechnung 102
Grundkosten 6
Güterverzehr, außerordentlicher 37
Güterverzehr, ordentlicher 37

H

Hauptkostenstellen 64
Hauptlaufkalkulation 106
Hauptprozess 139
Haus-Haus-Tarif 119
Hilfskostenstellen 64
Hilfskostenstellen, allgemeine 64, 66
Hilfskostenstellen, bereichsbezogene 64, 66

I

Innerbetriebliche Leistungen 65
Inventur *152*
Inventurdifferenzen 41
Inventurmethode 40
Istkostenrechnung 137

K

Kalkulationsschema des Spediteurs 100
Kalkulationsschema des Transportunternehmers 100
Kalkulationsverfahren 90, 98
Kalkulatorische Kosten 24ff.
Kapital, betriebsnotwendiges 31, 34, 35
Kapital, durchschnittlich gebundenes 32, 33
Kapitalbindung 32
Kapitalkosten 31ff.
Kennzahlen 129ff.
Kennzahlenmatrix 133
Kennzahlensysteme 130, 131
Kontenklasse 23, 24
Kontenrahmen 23
Körperschaftssteuer 43
Kosten 7, *152*
Kosten- und Leistungsrechnung 1
Kosten, fixe 9, 13, 49, *152*
Kosten, irrelevante 15
Kosten, kalkulatorische 6, *152*
Kosten, primäre 2, 15, *153*
Kosten, relevante 15
Kosten, sekundäre 15, *153*
Kosten, sendungsfixe 121
Kosten, sprungfixe 11, 16, *153*
Kosten, tourenabhängige 14
Kosten, variable 9, 13, 49, *154*
Kostenarten 3, 23
Kostenarten, primäre 24, *153*
Kostenartenrechnung 1, 2, 23
Kostenaufwuchskurve 14
Kostenbegriff 4
Kostenindizes 121
Kosteninformationssysteme 118
Kostenkontrolle, summarische 23
Kostenplatz 63
Kostenrechnungssysteme 137ff.
Kostenremanenz 13, 14, *152*
Kostenstellen 63, 64, 65
Kostenstellenbericht 71
Kostenstelleneinzelkosten 46, 68
Kostenstellengemeinkosten 68
Kostenstellenplan 66, 67
Kostenstellenrechnung 2, 3, 63
Kostenträger 89
Kostenträgerergebnisrechnung 90
Kostenträgerrechnung 2, 89ff.
Kostenträgerstückrechnung 2, 89, 99ff.
Kostenträgerzeitrechnung 2, 4, 90, 116ff.
Kostentragfähigkeitsprinzip 9, 70
Kostentreiber 140, 146
Kuppelproduktion 96, 97, 98, *152*

L

Leerkosten 9, 10, *153*
Leistung 5, *153*
Leistungsbegriff 4
Leistungsverrechnung, innerbetriebliche 2, 68, 69, 70, 81, *152*
Lenkungspreise 70
Liquiditätsproblematik 34

M

Makeln 5, *153*
Make-or-buy-Entscheidung 101, 116, 141
Marktpreis-minus-Kosten-Kalkulation 90
Miete, kalkulatorische 39
Mindestpreis 3
Mittelstandsempfehlungen 119

N

neutraler Aufwand 2
- außerordentlich 6
- betriebsfremd 6
- periodenfremd 6
Nutzkosten 9, 10, *153*
Nutzungsdauer 4, 29, 30
Nutzungsdauer, betriebliche 30
Nutzungsdauer, gewöhnliche 30

O

Opportunitätskosten 34, 39, *153*
Opportunitätskostenprinzip 32

P

Personalaufwand 48
Personalgemeinkosten 46
Personalkosten 24, 46ff.
Personalkosten, direkte 46
Personalkosten, freiwillige 46
Personalkosten, indirekte 46
Personalkostenintensität 131
Plankostenrechnung 137
Preisbeurteilung 2
Preiskalkulation 2
Preisuntergrenze, kurzfristige *153*
Prinzip der Bewertungsfreiheit 9
produktivitätskennzahlen 133
Produktivitätskennzahlen 130
Prozesse, leistungsmengeninduzierte 140
Prozesse, leistungsmengenneutrale 140
Prozesshierarchie 139, 140
Prozesskostenrechnung 93, 138ff.

Q

Qualitätskennzahlen 131, 133

R

Rechnungswesen, externes 1
Rechnungswesen, internes 1
Regiekosten 3, *153*
Restwert 25, 30, 32, *153*
Restwertverzinsung 33
Rohertrag 68
Rohertragsmarge 131
Rohertragsrendite 131
Rückrechnung 65, 108, 132, *153*

S

Sammelgutleistungskalkulation 106ff.
Schlüssel 96, 104
Schlüsselungsverfahren 96
Selbsteintritt 3
Selbstkosten-plus-Gewinnzuschlags-Preise 89
Sendungserlöse 121
Sendungskosten 121
Simultanverfahren 70
Speditionskostenstellen 65, 66
Stellen-Einzelkosten 15
Stellen-Gemeinkosten 15
Steuerarten 42
Steuern 42
- Kostencharakter von 42
Stoff-/Materialaufwand 41
Stoff-/Materialkosten 24, 40ff., *154*
Struktur- und Rahmenkennzahlen 130, 133
Stückkostenkurve 11
Stufenleiterverfahren 69
Substanzsteuern 42, 43

T

Tarif 119, 120
Tarifanhebung 120
Tarifaufhebung 118
Tarifempfehlungen 118ff.
Tätigkeitsanalyse 139
Teilkosten-BAB 72, 77, 83
Teilkostenrechnung 72, 137
Teilprozesse 139

U

Umlage 70
Umsatzsteuer 44
Unternehmerlohn, kalkulatorischer 39

V

Value Added Services 5
Verbrauchssteuern 43, 44
Verhältniszahlen 129
Verkehrssteuern 42, 44
Vermögen, betriebsnotwendiges 31, 35
Verrechnungssatz 2, 70, 71
Verrechnungssatzkalkulation 94, 95, 96
Verursachungsprinzip 9
Verwaltungskostenstellen 65, 66
Vollkosten-BAB 69, 73, 83
Vollkostenrechnung 72, 137
Vorkostenstellen 64

W

Wagnisaufwand 39
Wagniskosten, kalkulatorische 36ff., *154*
Werteverzehr 24
Werteverzehr, außerordentlicher 25
Werteverzehr, ordentlicher 25

Wettbewerbs-Benchmarking 134
Wiederbeschaffungswert 25, 26, 30, *154*
Wirtschaftlichkeitskennzahlen 130, 133
Wirtschaftsgüter, geringwertige 31

Z

Zeitvergleich 3
Zeitwert 114
Zinsaufwand 36
Zinsen, kalkulatorische 35, 36, *152*
Zinsfuß, kalkulatorischer 31
Zusatzkosten 2, 6, 39, *154*
Zusatzleistung 5
Zusatzleistungskalkulation 110
Zuschlagskalkulation 93, 94
Zuschlagssatz 2, 70, 71
Zuschlagssätze, prozentuale 93
Zweckaufwand 7